北朝鮮恐るべき特殊機関

金正恩が最も信頼するテロ組織

宮田敦司
Miyata Atsushi

潮書房光人社

はじめに

二〇一七年二月一三日、金正男《キムジョンナム》（金正日《キムジョンイル》の長男）がマレーシア・クアラルンプール国際空港で暗殺された。暗殺にはＶＸ神経剤（ＶＸガス）が使用されたといわれている。ＶＸ神経剤は人類が作った化学物質の中で最も毒性が強い物質であり、北朝鮮はこれを化学兵器として大量に貯蔵している。

この事件は、暗殺や破壊工作などテロを重視してきた北朝鮮情報機関の「伝統の復活」を象徴する出来事といえよう。こうした「派手な活動」は二〇年間にわたり鳴りを潜めていたからだ。

金正男暗殺事件は、一九九七年の李韓永《イハニョン》（金正日の甥）暗殺事件と符号する点が多い。

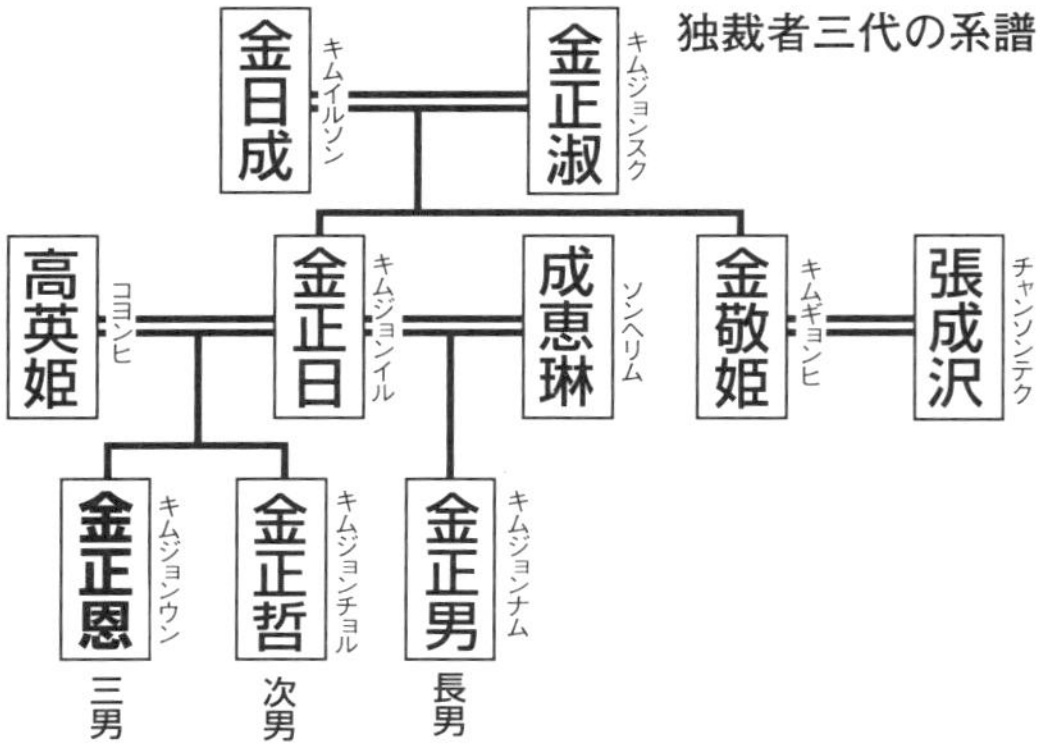

独裁者三代の系譜

李韓永は、スイスの大学に留学後、韓国に亡命した。彼は韓国の友人宅前で北朝鮮の工作員二人に銃撃され、数日後に死亡した。金正男と李韓永に共通していることは、韓国亡命後、金一族のことを書いた暴露本を出版した後に暗殺されているということである。暗殺を実行したのは、現在は朝鮮人民軍偵察総局（以下、偵察総局と記述）に所属している対外連絡部である。

金正男の暗殺には、朝鮮人民軍偵察総局と国家安全保衛省（秘密警察）が関与したとする見方があるが、これが事実だとすれば、北朝鮮情報機関にとって初めての合同作戦だったことになる。

偵察総局は要人暗殺を任務の一つとしている。一方、国家安全保衛省は国内外の北朝鮮国民全てを監視することを最大の任務としている。したがって、国家安全保衛省が金正男の行動の監視を、暗殺を偵察総局が行なうというよう

2017年２月13日、マレーシアで暗殺された金正男。金正日の長男で、金正恩の異母兄に当たる〔毎日新聞社〕

に、任務を分担したと考えることができる。

発展を続ける「サイバー軍」

今回の事件が発生するまで、偵察総局による工作活動が表面化することはなかった。ただ、偵察総局の組織である「サイバー軍」が強化されていることは明らかになっている（二〇一四年時点で五九〇〇人に増員）。しかし、それ以外の動きといえば、二〇〇〇年の南北首脳会談を機に中断していた国外の工作員に指令を送るための乱数放送を二〇一六年七月一五日から散発的に再開したことくらいである（しかし、この放送が本当に工作員に向けたものなのかどうかは不明。韓国に対する心理戦の一環の可能性もある）。なお、「サイバー軍」の名称には諸説あるが、本書では「サイバー軍」と表記する。

情報機関の工作活動が低調になっているのに比べ、目覚ましい発展を遂げているのは朝鮮人民軍の弾道ミサイル部隊である「戦略軍」である。

「戦略軍」は核弾頭（一〇発～二〇発）と大量の弾道ミサイルを保有している。このなかには、日本を攻撃するための「ノドン」「スカッドER」などの弾道ミサイルが二〇〇基以上含まれている。これらの弾道ミサイルは、二〇一六年九月五日に奥尻島西方、二〇一七年三月六日に能登半島北方の排他的経済水域（EEZ）付近に向けて発射され、ほぼ同時に複数の弾頭を正確に着弾させており、精度の高さが立証された（二〇一七年三月の発射は、これまでで日本本土に最も近い海域への落下であった）。このほかにもSLBM（潜水艦発射弾道ミサイル）の開発と、SLBMを搭載するための潜水艦の建造が進められるなど、多くの予算が「戦略軍」に投じられている。

弾道ミサイルは本当に脅威なのか？

度重なる弾道ミサイルの発射、さらに精度の向上は、一見すると日本に大きな脅威をもたら

2017年３月６日、北朝鮮西岸の東倉里から発射される弾道ミサイルと発射成功を喜ぶ金正恩〔労働新聞〕

しているように思える。

しかし、本当にそうなのだろうか？

北朝鮮が日朝・米朝関係などの対外関係の悪化により、弾道ミサイルの使用に踏み切ることは現実的ではない。たとえ使用したとしても、通常弾頭（核・化学・生物以外の兵器を搭載した弾頭）による攻撃では、在日米軍の活動を長期にわたり封じ込めるには二〇〇基という数は多いようで少ない。しかし、核弾頭を使用すれば、少なくとも在日米軍の航空基地などを壊滅状態にすることは可能だろう。

だが、たとえ核弾頭を搭載していなくても、弾道ミサイルによる攻撃は米国に反撃の口実を与えることになるだけでなく、金正恩《キムジョンウン》政権が終焉することをも意味する。北朝鮮をひたすら擁護してきた中国も、北朝鮮が弾道ミサイルの使用に踏み切ってしまったら、米軍の行動を黙認するしかなくなるだろう。

北朝鮮は『ソウルを火の海にする』と韓国を脅したことがある。一九九四年に行なわれた「第八回南北実務接触」で北朝鮮側の代表が発言したわけだが、実際には北朝鮮軍の長距離砲では正確にソウルを攻撃することができなかったため、『火の海にする』という発言は口先だけの脅しに過ぎなかった。しかし、二〇年以上が経過した二〇一六年三月二三日に発射実験に成功した新型の多連装ロケット（射程距離二〇〇キロ、誤差一〇メートル）により、ピンポイン

海岸沿いに放列をしき一斉射撃を行なう北朝鮮軍の自走加農砲と多連装砲

トでソウルを攻撃することが可能となった。

しかし現実には、北朝鮮軍に『ソウルを火の海』にする余裕などない。韓国に対する奇襲攻撃を成功させるためには、六〇〇基の弾道ミサイル（スカッド）を含む全ての攻撃手段を在韓米軍と韓国軍の指揮所、航空基地、港湾、通信施設など、あらゆる軍事施設を破壊することに集中しなくてはならないからだ。奇襲の失敗は、米韓軍の反撃により北朝鮮軍が壊滅状態になることを意味するためだ。


全面戦争に発展しかねない弾道ミサイルによる攻撃は現実的ではないし、そもそも金正恩はわが身の破滅に直結するような米国との戦争は望んではいないだろう。

朝鮮労働党機関紙である『労働新聞』は、毎日のように米国を非難する記事を掲載しているが、米韓合同演習で米軍の戦力が増強されると非難のトーンは下がる。これは二〇〇三年に開戦したイラク戦争直前に行なわれた、韓国で最大規模の演習である米韓合同演習「フォールイーグル」の際に顕著に表われた。金正日は、演習のために国外から増援された米軍が非武装地帯を突破して、そのまま北上することを恐れて行方をくらまし、『労働新聞』から金正日の写真が消えた。そして、演習が終了し、増援された部隊が撤収を開始した翌日、「現地指導」する金正日の写真が『労働新聞』に掲載された。

北朝鮮の最高指導者は威勢の良さは一流だが、危険を感じたら逃げてしまう。北朝鮮の核実験や弾道ミサイル発射は、米国に対する反発の意思表示にはなっているが、冷静に考えると威嚇にも脅しにもなっていないことがわかる。

北朝鮮国内の荒廃

一方、北朝鮮国内に目を向けると、国内の治安の乱れが年を追うごとに深刻化している。二〇〇〇年代になって、刑法が一九回も改正されているという事実は、金正恩政権の不安定ぶりの一端を示している。刑法の改正は、それまでにはなかった新たな犯罪が発生していることを意味している。とくに「破壊・暗殺罪」は興味深い。破壊活動や要人暗殺が既に発生しているか、将来発生することを指導部が予見していることを意味しているからだ。

秩序を乱した場合は途方もない災難に見舞われ、死ぬかもしれないという恐怖心を国民に植え付けることに成功していれば反乱は起きない。北朝鮮では国家安全保衛省の秘密警察としての最低限の機能が維持されているため、大規模な反乱は起きていないが、金正恩の不安を増幅させる要素は増え続けている。

このような不安を解消してくれるのが、国内の問題を処理する国家安全保衛省と、国外の問題を処理する偵察総局というわけなのである。

著者

北朝鮮 恐るべき特殊機関——目次

図版作成・佐藤輝宣

北朝鮮 恐るべき特殊機関

——金正恩が最も信頼するテロ組織

第1章　独裁体制維持のための監視と工作

これまでに行なわれた代表的工作

北朝鮮情報機関は国外で次のような工作を行なってきた。これらは北朝鮮情報機関の特殊性を示している。（組織の名称は当時のものである）

①韓国政府要人の暗殺（ラングーン爆破テロ事件）

人民軍偵察局の任務には要人暗殺が含まれている。ラングーン爆破テロ事件は、本来の目的である韓国大統領の暗殺には失敗したものの、偵察局の代表的な工作活動といえる。

一九八三年一〇月九日、ビルマ（現・ミャンマー）・ラングーンのアウンサン廟を訪問中の全《チョン》

1983年10月９日、韓国全斗煥大統領の一行を狙ったラングーン（現ヤンゴン）テロ事件で爆破されたアウンサン廟

斗《ド》煥《ファン》大統領一行を狙った爆弾テロ事件が発生した。テロには屋根裏に仕掛けられた爆薬三個（遠隔操作式のクレイモア地雷）が使用され、二一人の韓国とビルマ政府要人が死亡した。

テロは偵察局第62偵察旅団所属の陳モ少佐、康ミンチョル大尉、金チオ上尉ら三人によって実行された。三人は、北朝鮮南部の開城で特別な訓練を受けており、中国語、ロシア語、英語を話すことができた。また、これらの工作員の派遣に労働党対外連絡部所属の貨物船「東建愛国号」が使用された。

事件の背景には、全斗煥大統領の積極的な対外政策により、八三年九月から一〇月にかけて、米州旅行業者協会総会、列国議会同盟の会議がソウルで開催されるなど、韓国が国際的な地位を向上させていたことがある。

北朝鮮は、こうした国際社会における韓国の地位向上、自らの友好国と考えていたビルマに韓国大統領が訪問したことから、アウンサン廟での大統領暗殺を計画したものと見られる。

友好国における暗殺の実行という意味では、今回の金正男暗殺と共通している。

②韓国へ亡命した要人の暗殺（李韓永暗殺事件）

労働党対外連絡部（旧・社会文化部）の任務にも暗殺が含まれている。暗殺を直接担当した組織の実態は不明だが、韓国の情報機関・国家安全企画部（現・国家情報院）は一九九七年一一月二〇日、同年二月に韓国へ亡命していた李韓永（金正日の前妻・成恵琳《ソンヘリム》の甥）が暗殺された事件は、対外連絡部所属のテロ専門要員による犯行であることを発表した。

国家安全企画部の発表によると、李韓永を暗殺したのは社会文化部のテロ専門要員「崔スンホ」と氏名不詳の二〇歳代の男二人で構成された通称「スンホ組」と呼ばれる特殊工作チームである。二人は暗殺一ヵ月前に韓国へ潜入、李韓永を暗殺後、北朝鮮へ帰還し、英雄称号を受けた。

暗殺の直接の目的は、権力中枢、特に金正日一族の内部事情に精通している李韓永氏の証言を阻止することにあったと思われるが、権力内部の事情に精通している黄長燁《ファンジャンヨプ》元労働党書記（一九九七年に韓国へ亡命）に証言を止めさせるための警告との見方もある。

※工作員の暗殺の手段

暗殺の方法としては、二〇一一年に韓国で発生した暗殺未遂事件で逮捕された北朝鮮工作員は、ボ

韓国で逮捕された北朝鮮工作員が所持していたボールペン型注射器（上）と、懐中電灯やボールペンに偽装した銃

ールペン型注射器、ボールペン型銃、懐中電灯に偽装した銃を所持していた。ボールペン型注射器には、窒息死する神経系の毒薬が仕込まれており、また、銃にも毒が仕込まれていた。これらは、捜査当局により殺傷能力がある事が確認された。

③航空機に対するテロ（大韓航空機爆破事件）

労働党対外情報調査部の任務にも偵察局と同様にテロが含まれている。一九八七年一一月二九日に実行された「大韓航空機爆破事件」は、北朝鮮が起こしたテロの中でも、最も多くの死者（一一五人）を出した事案である。北朝鮮はこれを最後に、国際社会から非難を受ける恐れのある大規模なテロを行なっていない。

金正日の指示を受けた工作員金スンイル（70・当時）と金賢姫《キムヒョンヒ》（26・当時）は、ソウル・オリンピック開催を妨害するため、ビルマ沖でバクダット発バーレーン経由ソウル行きの大韓航空機を爆破した。テロの目的は、一

○ヵ月後に予定されていたソウル・オリンピックを妨害することだった。爆破の手段は、トランジスターラジオにセットした時限爆弾だった。

日本の偽造旅券を所持していた二人は、バーレーン空港で逮捕される寸前、男性工作員は煙草を吸うふりをして、その場であらかじめ用意していた青酸化合物のカプセルを仕込んだマールボロのタバコを噛み自殺した。金賢姫も、マールボロに隠された青酸化合物のカプセルを警察官からひったくって自殺を図ったが、バーレーンの警察官が飛びかかり、直ちに吐き出させ、完全に噛み砕けなかったために、青酸ガスで気を失って倒れた。

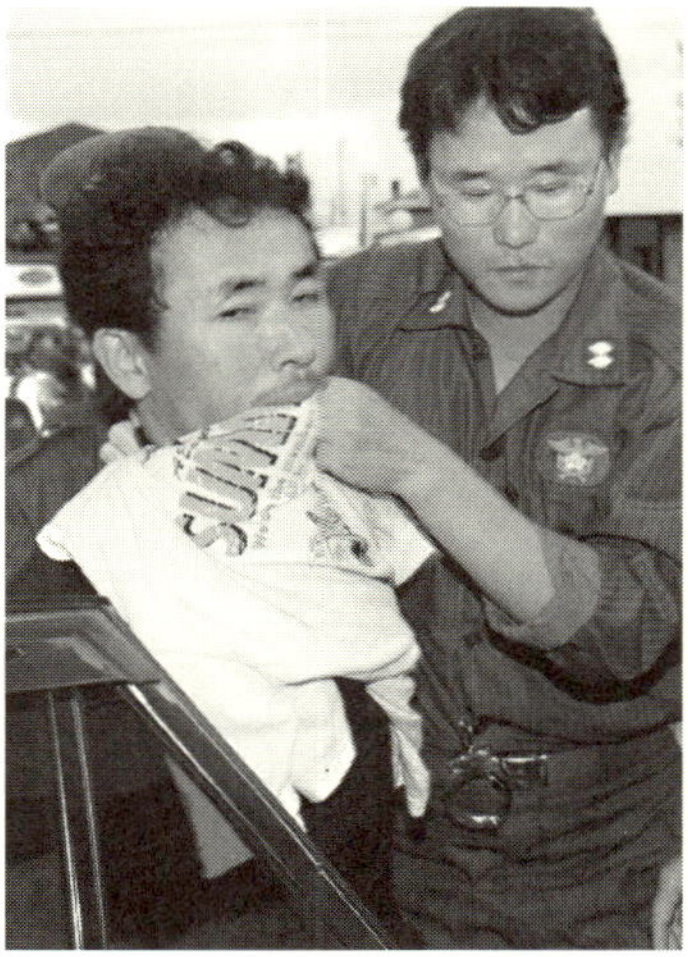

1996年の「江陵潜水艦座礁事件」で生き残った乗員。自殺防止のため口にトレーナーを詰められている

このように、北朝鮮の工作員は、逮捕される前に自殺することを命じられている。金賢姫の場合は、自殺防止のために韓国へ護送する際に猿ぐつわを着けられていた。工作員は、あらゆる手段を使って自殺を図るため、身体検査は厳重に行なわれる。検査では歯のレントゲンも撮影される。

監視とテロの実行機関

国家安全保衛省

世界のどの独裁国家にも存在する、国民を監視し弾圧する組織は北朝鮮にも存在している。北朝鮮の場合は国家安全保衛省である。

国家安全保衛省は、一九七三年に警察である社会安全部（現・人民保安省）から分離・独立した。これは規模と権限の拡大を意味し、国民に対する監視がそれまでよりも強化された。現在の人員は約三万人といわれている。

国家安全保衛省の最大の任務は、金正恩以外の全ての国民を監視し、体制の脅威となる人物を社会から排除することにある。監視対象には、国外に派遣されている外交官や労働者なども含まれる。特に中国には多くの要員が派遣されており、北京及び東北三省では、脱北者や韓国人商社員、韓国情報機関要員の監視を行なっている。二〇〇〇年一月には脱北者を支援していた韓国人の牧師を中国・延吉で拉致する事件を起こしている。

権限の大きさは無限といってもいい。金正恩の後見人ともいわれた張成沢《チャンソンテク》の逮捕・処刑にみられるように、刑法にも存在しない「政治犯」として逮捕し、（形式的な裁判は行なわれるとし

国家安全保衛省は2013年12月12日、当時国防委員会副委員長だった張成沢に死刑判決を下し、即時処刑した。金正恩は経済破綻の責任をすべて張成沢に押しつけた

ても）法的手続きを踏むことなく処刑できる超法規的な権限を持っている。

国家安全保衛省が社会から排除すべきと判断した人物は「政治犯」として強制収容所（北朝鮮では「管理所」と呼称）へ送られる。国家安全保衛省は、人民保安省の管轄下にある第18号管理所を除く九ヵ所の強制収容所を保有している。韓国政府の資料などによると、北朝鮮には一一ヵ所の管理所が存在し、合計二〇万人の政治犯が収容されている。これは北朝鮮の総人口の一〇・八パーセントに相当する数である。なお、強制収容所内で処刑される人々も多い。

国家安全保衛省の監視網は網の目のように張り巡らされており、党や政府の中央機関から各道、市、郡、里単位に至るまで要員を常駐させている。人民軍も例外ではなく、人民武力省、集団軍、師団、連隊、大隊、中隊の各階層に政治指導員を配置し、監視を行なっている。なお、人民軍には、総政治局による政治的な統制、軍の情報機関である保衛司令部による監視も行なわれている。

国家安全保衛省の任務は、究極的には国内外を問わず北朝鮮国民全てを管理下に置くことにある。

朝鮮人民軍偵察総局

朝鮮人民軍偵察総局（以下、偵察総局と表記）は、朝鮮人民軍傘下の対外情報機関である。国外へ工作員を派遣し、情報収集、破壊工作、世論工作などの各種工作活動を行なうとともに、密輸等の違法な手段による外貨獲得（党幹部等の特権階層に分配する、いわゆる統治資金の確保）などを任務としている。

偵察総局は、二〇〇九年に労働党と人民軍に所属する情報機関を大幅に改編した際に、人民軍偵察局を格上げする形で創設された。この背景には、それぞれの組織に配分される予算の極度な減少があったと思われる。このため、多くの資金を必要とする活動は行なわれなくなった。とはいえ、任務が異なる組織を吸収したことにより、偵察局単独では実行が困難だった作戦を

北朝鮮の工作機関

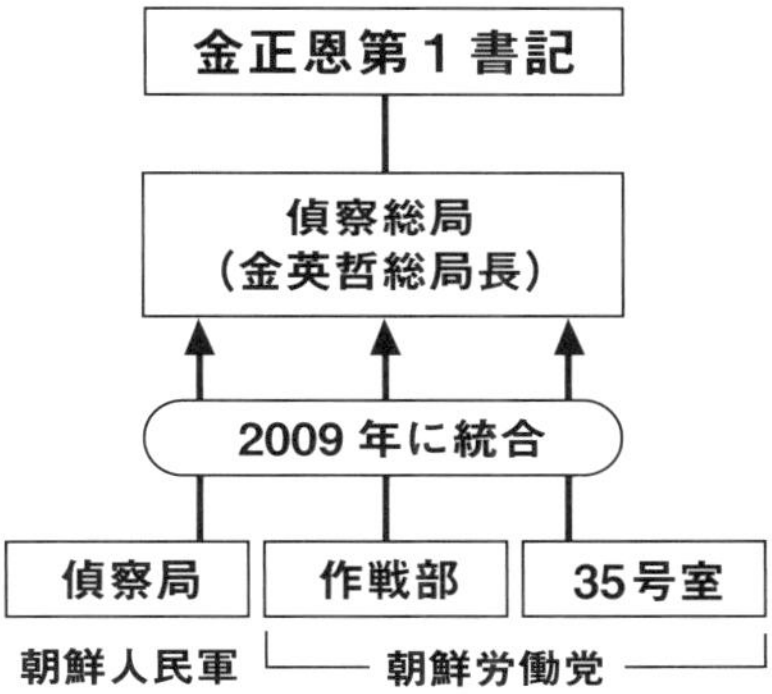

遂行することが可能になったのは確かであろう。

◇偵察総局を構成する組織

偵察総局の任務は、編入された組織の任務の多くを引き継いでいると思われる。偵察総局を構成する組織の主な任務と部署は次の通りである。

人民軍総参謀部偵察局

偵察兵の養成及び国外への派遣、要人暗殺、破壊、偵察、情報収集、国外で活動している固定スパイからの報告内容の再確認を任務とする。

工作員派遣基地、偵察旅団、無線傍受施設、教育機関等を保有しており、軍事偵察は韓国及び日本へ侵入して行なう。偵察部隊の韓国国内における活動期間は一〜二日と短く、一五人程度のグループで韓国の東海岸、西海岸、南海岸、非武装地帯へ潜入し、ゲリラ戦遂行のための基盤構築及び軍事情報の収集などを行なう。韓国へ潜入する場合は、韓国軍の戦闘服を着用し、M・16小銃を携行する。一九九六年に発生した「江陵潜水艦座礁事件」では、座礁した潜水艦から韓国軍の戦闘服や小銃が押収されている。

特別な任務、例えば韓国へ潜入するような場合、軽歩兵教導指導局（後方浸透、要人暗殺、産業・軍事施設の破壊、山間部及び島嶼部落の革命化など、第二戦線の形成を任務とする特殊部隊）隷下の一部の狙撃旅団を直接指揮する。

偵察兵は軍歴四〜五年の現役軍人から選抜され、工作員養成所などで四〜五年間の教育を受ける。また、偵察局は韓国へ工作員を派遣するため、南浦及び楽園にサンオ級潜水艦及びユーゴ級潜水艇を配備している。工作員を派遣する基地は北朝鮮国内に三ヵ所ある。このうち、陽徳にある「第一基地」には日本国内での情報収集と工作を行なう要員が所属している。また、「第6部」は自衛隊、在日米軍の情報収集を行なっている。

朝鮮労働党作戦部

作戦部の平時の任務は、金正日政治軍事大学における工作員に対する教育訓練、工作船及び潜水艇による工作員の派遣、復帰などである。有事の際はゲリラ活動を行なう。ゲリラ活動の対象は韓国だけでなく日本も含まれている。

作戦部には、工作員の派遣基地である陸上連絡所（開城、沙里院）及び海上連絡所（清津、元山、南浦、海州）、その他各種支援機関が二〇ヵ所ある。海上連絡所には工作員を派遣するための工作船及び半潜水艇が配備されている。

作戦部からは年間七〇人以上の工作員が韓国へ派遣されており、陸・海の一個連絡所からは、一組三人単位で、年間四組以上が韓国へ派遣されている。派遣期間は大部分が一週間程度、長い場合は三ヵ月である。人員は本部に三〇〇〇人、連絡所等に二〇〇〇人が配置されている。

工作船及び小型潜水艇を運用している「海上処」は、韓国及び日本への侵入を担当している。海上処に所属する「元山連絡所」（313連絡所）は、韓国東海岸、釜山及び西日本への侵入、「清津連絡所」（121連絡所）は日本海を経由した日本への侵入を行なっている。なお、日本海沿岸での日本人拉致の実行犯は「清津連絡所」の所属である。

「314連絡所」では、旅券、ドル紙幣、韓国紙幣、各種証明書、書類の偽造を行なっている。また、工作員専門病院である「915病院」（915連絡所）では、工作員のホクロや傷跡などの身体的特徴を消すための整形手術を行なっている。大部分の工作員が何らかの手術を受けており、同様の手術は高級幹部専用病院である南山病院（平壌市大同江区域）、烽火診療所（平壌市牡丹峰区域）でも行なわれている。

作戦部には一二〇〇人が所属しており、このうち四〇〇人が日本への侵入を任務としている。

朝鮮労働党対外情報調査部（35号室）

対外情報調査部の主要任務は、韓国及び海外におけるテロ、情報収集、抱き込みなどの工作活動である。任務遂行のための拠点として、日本、マカオ、香港、フランス、ドイツ、オーストリアなどの国交のない国家には、貿易商社または通商代表部を置いている。国交のある大使館には通商代表部または貿易商社がある。

対外情報調査部には、日本における情報収集及び工作活動を行なう「対日情報調査課」があり、日本における永住権または市民権を有する工作員による情報収集、韓国人企業家及び朝鮮総聯関係者の抱き込み工作、放送・書籍・報道などを利用した情報収集を行なう。

テロや工作などの実行は「作戦課」が担当する。作戦課は「作戦行動組」と呼ばれるテロ集団を運用しており、特殊訓練を受けた三〇〇人の格闘技有段者及び英語、フランス語、日本語、中国語、ロシア語、スペイン語、アラビア語、ヒンドゥー語などの外国語特技者が所属している。

金正恩、偵察総局に韓国でのテロを指示

二〇一六年二月一九日、金正恩が韓国に対するテロを指示したと国家情報院が明らかにした

偵察局（内部部局）組織図

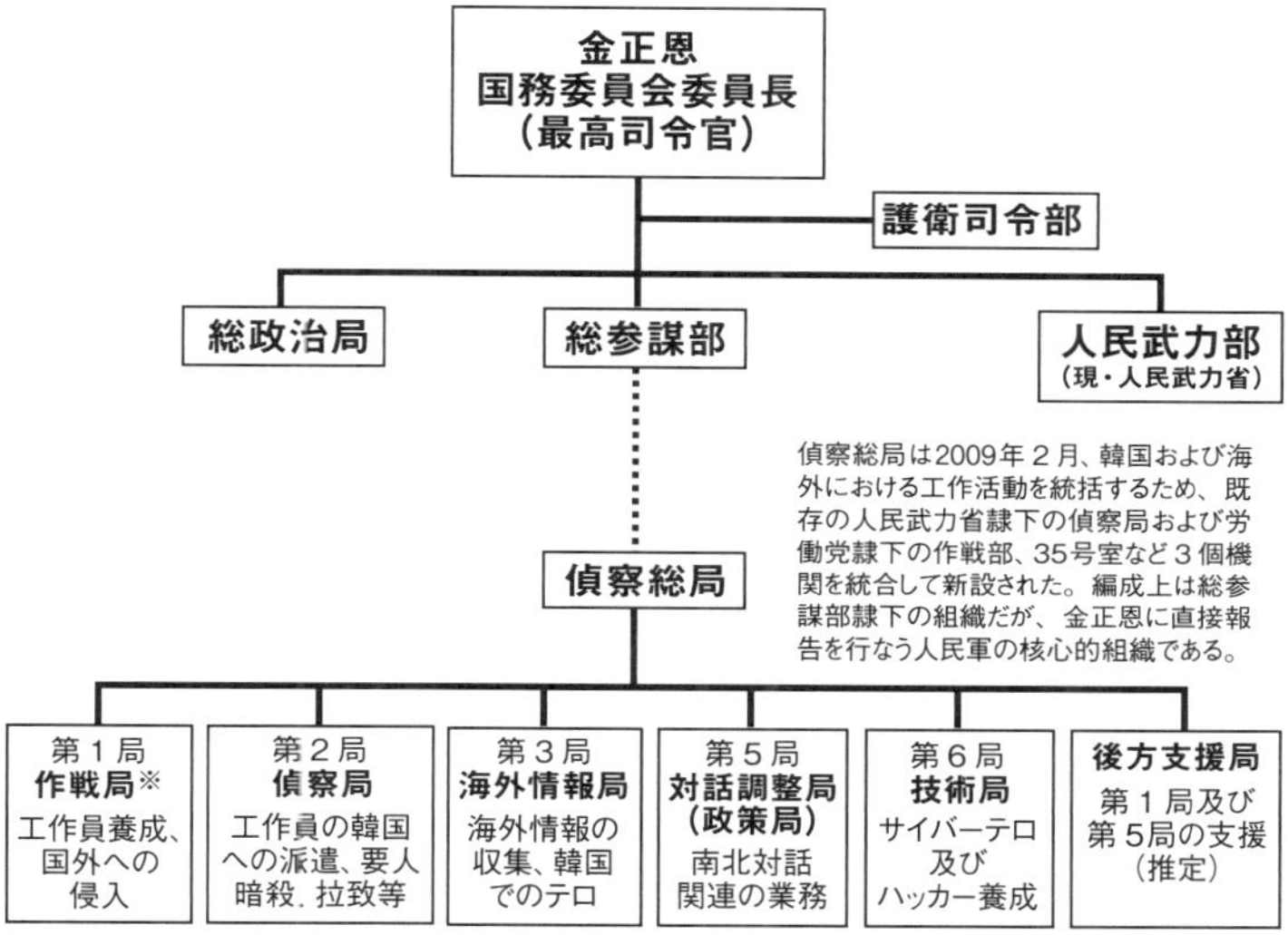

※第１局は2016年に作戦局へ昇格したと推定。
第２局または第３局が金正男暗殺に関係している可能性がある。

――「聯合ニュース」「韓国国防白書」などをもとに筆者作成

ことで、韓国政府は非常事態となった。金正恩の指示を受けて偵察総局が準備に着手したという情報があったためだ。

偵察総局長の金英哲《キムヨンチョル》は軍部強硬派であり、「テロ、国家の主要施設の破壊、サイバー攻撃などを同時に展開する『複合挑発』を駆使できる、北朝鮮で数少ない人物のうちの一人」とされている。

偵察総局に対する金正恩の信頼は格別で、二〇一五年六月に偵察総局関係者を集めて「偵察活動家大会」を開催して激励している。

偵察総局は合計六つの局で構成されており、工作員養成、要人暗殺、テロなどを遂行する。最近では、サイバー部隊を設置してサイバー戦能力を強化している。

韓国政府はサイバー戦部隊に配置されたハッカーだけで三〇〇〇人に達すると把握している。偵察総局は二〇一四年に韓国の原子力発電所の図面などをハッキングしている。

韓国に対するテロの脅威が高くなったことで、韓国政府は脱北者を対象にしたテロに備えている。情報当局関係者は「北朝鮮外交官出身で九一年亡命した、高英煥《コヨンファン》氏に対するテロ情報を入手した」として、「警察が警護要員を増員して二四時間体制で身辺警護を行なっている」としている。

韓国軍当局は国家レベルの対テロ部隊の創設も進めている。現在、韓国はテロ対策部隊として、陸軍特殊戦司令部所属の「第７０７特殊任務大隊」などを運用している。

同部隊の隊員は男性だけでなく、多くの人質が取られるハイジャック事件などで、食料や医薬品を現場に届けるなどの際に、テロリストに脅威と見なされにくいよう女性隊員も所属している。

〈コラム〉組織改編で息を吹き返した特殊機関

二〇〇九年の特殊機関の組織改編により創設された偵察総局の初代局長に、軍強硬派として知られてきた金英哲（就任時の階級は上将）が就任したことで、低調になっていた工作活動や訓練が強化された。

二〇〇九年以降の暗殺については未遂事件が二件確認されている。金正男暗殺が偵察総局としては初めての成功例となる。

強化された訓練の内容は次のとおり。

・韓国国内の主要施設を目標とした破壊訓練。
・韓国侵入を想定した長距離移動訓練及び任務終了後の帰還訓練。
・小型潜水艦（艇）、半潜水艇、工作船による侵入訓練。
・潜水艦（艇）による、自国の工作母船を韓国海軍艦艇に見立てての奇襲攻撃訓練。
・小型潜水艇を使用した機雷敷設訓練。
・「人間魚雷」（小型潜水艇で目標の船舶まで接近し、数人が爆薬を携帯して船舶に突入する）訓練。

韓国で実行された工作の内容は次のとおり。

※韓国海軍哨戒艦撃沈事件（二〇一〇年三月）

韓国海軍の浦項級コルベット「天安」が、北朝鮮の小型潜水艇から発射された魚雷により撃沈された事件。国内外の専門家による合同調査の結果、「天安」は北朝鮮の小型潜水艇から発射された魚雷（北朝鮮が製造した高性能爆薬二五〇キロ規模の中型魚雷）による強力な水中爆発によって沈没したことが明らかになった。

沈没現場の周辺では北朝鮮製の特徴を示す魚雷の残骸が発見された。また、「天安」の沈没に前後して北朝鮮の潜水艦と艦艇の活動が確認されている。攻撃に使用された潜水艇としてヨノ型潜水艇の可能性が指摘されている。

なお、北朝鮮海軍は小型潜水艇を運用していないため、小型潜水艇は偵察総局所属のものと思われる。

2013年３月29日、最高司令部作戦会議を開き、ソウルの大きな地図を広げて軍首脳から報告を受けている金正恩

※黄長燁元朝鮮労働党書記暗殺未遂事件（二〇一〇年四月）

一九九七年に北朝鮮から韓国へ亡命した黄長燁元朝鮮労働党書記を殺害する目的で、偵察総局所属の工作員二人（少佐）が韓国で逮捕された事件。

二人は二〇〇九年一一月、偵察総局から黄元書記の殺害指示を受け、同一二月に脱北者を装って中国とタイを経由して韓国へ入国。韓国では黄元書記の通う病院や立ち寄り先などを割り出した後、具体的な殺害指示を受けることになっていた。なお、二人は「毒銃」（小型懐中電灯型の銃）と、「毒針」（毒殺用偽装ペン）を持ち込んでいた。

※脱北者団体代表暗殺未遂事件（二〇一一年九月）

気球を用いた北朝鮮での反体制ビラの散布を続けている、韓国の脱北者団体「自由北韓運動連合」の代表を、脱北者出身の工作員が殺害をしようとして逮捕された事件。

この工作員も「毒銃」と「毒針」を所持していた。「毒銃」の発射音は、弓を放った時の音と同程度で、五メートル先の厚いマットレスを突き抜けるほどの威力があった。弾頭の先端には刃が付いており、毒薬が付着していた。この毒薬は筋肉を麻痺させる作用があり、心臓の筋肉を五秒以内に麻痺させることができるものだった。

第2章　北朝鮮軍特殊部隊の能力

北朝鮮軍の総兵力は約一二〇万人、そのうち特殊部隊の隊員は約一二万二〇〇〇人である。（陸上自衛隊の現員は約一四万人）平時は対象国に対する偵察や破壊工作を行ない、戦時には先制攻撃のための事前準備と敵後方の攪乱を目的とする第二戦線の形成を行なう。

日本へ派遣されるのは殺人と破壊のプロ

北朝鮮軍の特殊部隊員の中でも偵察兵は、想像を絶する厳しい訓練を受けた「殺人と破壊のプロ」である。たとえ日本国内へ侵入した偵察兵が数人程度であったとしても、韓国のような民間防衛訓練を経験したことのない日本人を容易にパニックに陥れることができるだろう。

現在の警察や自衛隊では彼らには到底対応できない。関連する法律すら整備されていないため、警察や自衛隊に対処能力があったとしても、法的な制約で対応のしようがないのが現実であろう。

一九九六年に韓国東海岸で発生した「江陵潜水艦座礁事件」では、日頃から北朝鮮の偵察兵の侵入に対応する訓練を積んでいる韓国軍でも、掃討作戦では苦戦を強いられた。韓国軍は、座礁した潜水艦から逃亡した二六人の乗組員を捜索するために事件発生当日である九月一八日から一一月七日までの間、一日六万人（五個師団規模）、延べ一五〇万人を動員した掃討作戦を展開したが、結局、全員を逮捕することはできなかった。しかも、最後に射殺された二人の工作員は、韓国軍の包囲網を突破し、上陸地点から一〇〇キロ近く北上し、DMZ（非武装地帯）まであと八キロの地点まで到達していた。

さらに驚くべきことに、二人の工作員は逃走しながらも韓国軍の軍団司令部や橋梁の写真をカメラで撮影するなど、偵察活動を遂行していたことが明らかになった。これは北朝鮮の偵察兵の士気と能力の高さを象徴している。

韓国側の犠牲者は軍人一二人、警察官・予備役二人、民間人四人であった。苦戦を強いられ多大な犠牲を払った韓国軍だが、その迅速な対応についても触れておきたい。潜水艦座礁の第一発見者は付近の道路を通行したタクシー運転手だが、この運転手の通報を受けて最初に現場に急行したのは陸軍の「五分機動打撃隊」である。空軍でいえばスクランブル発進に相当するものである。こうした部隊は陸軍の多くの部隊に設けられているといわれており、韓国軍が「有事即応体制」にあることを示している。しかし、そのような態勢を取っていても、特殊部隊には苦戦を強いられるのである。

朝鮮半島有事の際には、このような集団が日本へ侵入し、在日米軍・自衛隊基地をはじめ、国民をパニックに陥れるために公共施設など日本国内各地でテロを展開することになるだろう。

日本の対応策

警察庁が「重要防護対象」と位置づける原子力関連施設は全国三四ヵ所である。その半数は、拉致事件で北朝鮮工作員の潜入が判明した日本海側にある。最悪の事態も想定されるが、警察力には限りがあり、正門の出入りチェックは民間警備員が、フェンスからの侵入者の感知はセンサーが支えている。

北朝鮮が国際原子力機関を脱退し、朝鮮半島情勢が緊迫したのは一九九四年。警察庁は二年後、警視庁と大阪府警にしかなかった「特殊急襲部隊（SAT）」を七都道府県警に拡充した。二〇〇一年九月一一日の米同時テロ事件以降は、軽機関銃で武装した機動隊員を原発施設内への配備をはじめた。

それでも万全とは言い難い。ＳＡＴの到着に二時間以上もかかる原発が三割近くある。軽機関銃にしても、相手と同等の武器しか許さない警察官職務執行法の「警察比例の原則」に縛られ、有事に対応できないのが現状である。

また、二〇〇四年一一月二九日付の読売新聞は、「日本政府は二〇〇四年一一月二八日、日本が大規模攻撃や特殊部隊による攻撃などを受けた場合、陸上自衛隊が最優先で防護する全国の「重要防護施設」一三五ヵ所を明らかにした。原子力発電所、石油コンビナートなど、破壊されると被害が拡大する可能性が高い施設のほか、国民への情報伝達ルートや通信手段を確保するため、放送、通信施設も盛り込まれている」（※傍線筆者）と報道している。

傍線を引いた「大規模攻撃」とは、二〇〇基保有しているとされる北朝鮮の弾道ミサイルによる攻撃である。また、「特殊部隊」とは北朝鮮軍特殊部隊、より正確に言えば、特殊部隊の中でも最強といわれる偵察総局所属の特殊部隊員（偵察兵）である。

米国防総省国防情報局（ＤＩＡ）の報告によると、特殊部隊の任務は、情報収集の「偵察」、大規模攻撃の「軽歩兵」、小規模作戦の「狙撃」の三兵種に分かれ、基本任務は、①敵の背後における第二戦線構築、②通常作戦における共同戦闘、③北朝鮮への韓国による特殊作戦に対する反撃、④国内治安の維持である。

北朝鮮軍の特殊部隊（偵察総局編成前）

所属		規模
総参謀部偵察局	直属偵察旅団	4個旅団
	前方配置軍団所属偵察大隊	4個大隊
	海上処所属偵察部隊	3個基地（各基地300名で編成）
	海軍配属偵察大隊	
	空軍配属偵察大隊	
軽歩兵教導指導局	軽歩兵教導指導局	3個旅団
	航空陸戦旅団	3個旅団（3500人）
	空軍狙撃旅団	3個旅団（3500人）
	狙撃旅団	3個旅団
海軍所属特殊部隊	海上狙撃旅団	
地上軍所属特殊部隊	師団軽歩兵大隊	
	師団偵察中隊	
	連隊偵察小隊	

1996年、韓国江陵沖で座礁した偵察局のサンオ級潜水艦。工作員と乗員の計26名が韓国に侵入した

特殊部隊の指揮系統（偵察総局編成前）

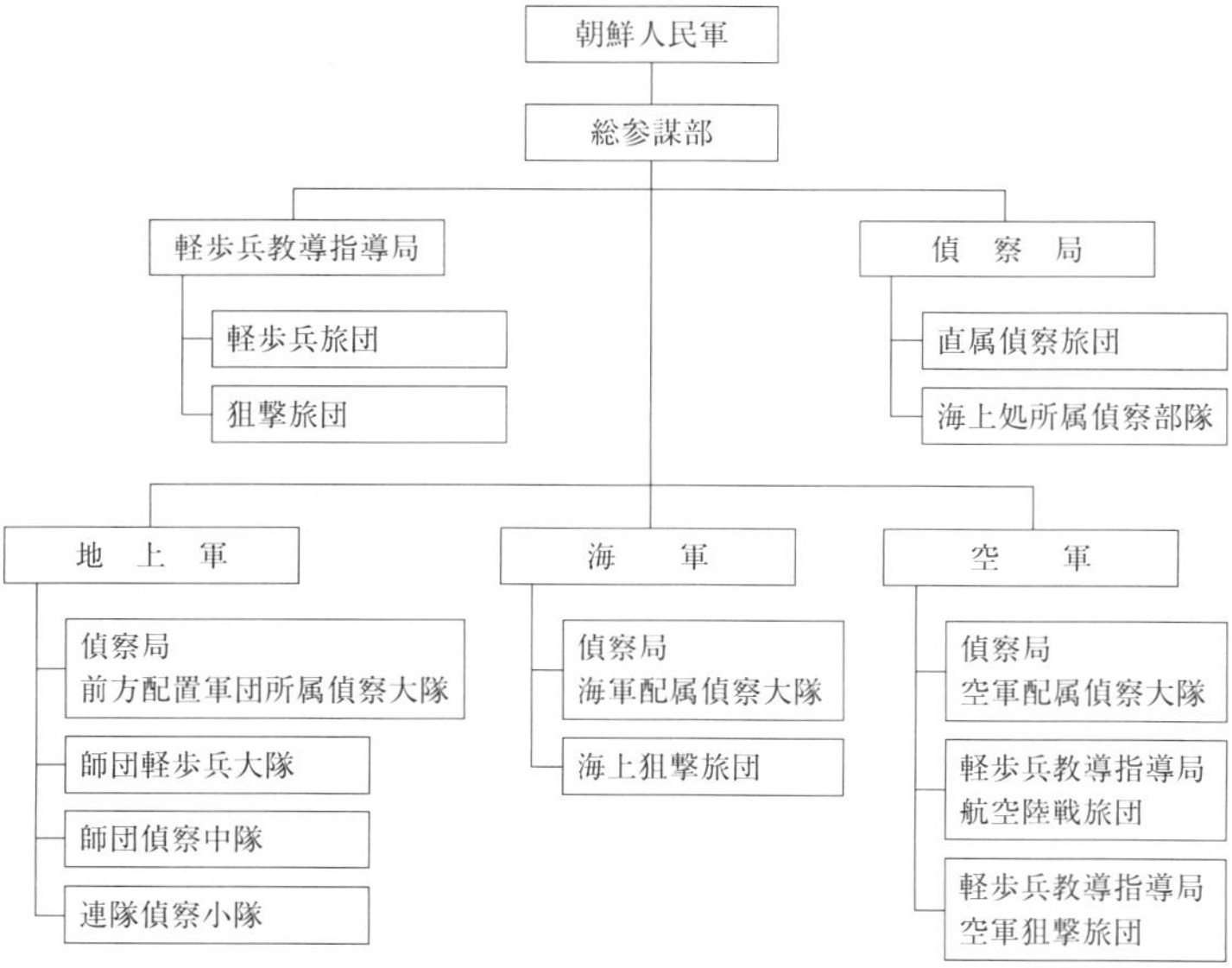

※2009年の組織改編で、偵察総局の隷下に軽歩兵教導指導局、地上軍、海軍、空軍の偵察部隊(特殊部隊)が編入されたという情報はない。しかし、偵察局がそのまま偵察総局に編入され、「偵察総局第二局」となっていることは判明している。このため、偵察局以外の組織は現在も総参謀部の指揮を受けていると思われる。

実は、この中には日本における作戦も含まれている。亡命者の証言などによると、朝鮮半島で戦争が勃発した場合、必ず北朝鮮の偵察兵が日本へ侵入することになっているという。その理由の一つとして、ある亡命者は、北朝鮮のミサイルの命中率が低いため、訓練された特殊部隊を何人か日本へ侵入させ、工作を行なわせればミサイルを何発か発射するよりも大きな効果を得ることが出来るためだとしている。

また、一九九六年九月の「江陵潜水艦座礁事件」で生き残った北朝鮮潜水艦乗組員の李光洙《イグァンス》氏は、「日本を除いた戦争はあり得ない」と断言し、日本には米軍が駐留し、有事の際は軍事補給基地となる。このため、北朝鮮が敵のアキレス腱である原子力発電所を爆破するのは当たり前、と述べている。

最高水準の能力が要求される特殊部隊

北朝鮮軍特殊部隊の偵察兵の能力について、二〇〇〇年に脱北した元北朝鮮軍大尉（34・当時）は、「偵察兵の訓練は、氷の張った冬の海での遠泳など、尋常ではない」と証言している。また、米軍の情報でも、「四〇キロの装具を背負い、二四時間以内に山地五〇キロを踏破できる」とされている。山地といっても、どの程度の山地なのか明記されていないため、他国の特殊部隊と単純に比較することはできないが、かなり高い能力を持っていることは確かだろう。
本章では、特殊部隊員、特に偵察兵がどのようにして作り出されてゆくのか、元北朝鮮軍特殊部隊員の証言の一部を紹介する。

特殊部隊の隊員は、あらゆる面で最高水準の能力が要求される。隊員のほとんどが優秀な朝鮮労働党員で、政治的信頼度があり、四年ないし七年間の戦闘兵科の経験を積んだ現役軍人の中から選抜される（例外として、特殊な言語が使える特技要員は、民間人から直接、特殊部隊の隊員に採用される）。

北朝鮮軍の特殊部隊の主力である「軽歩兵教導指導局」は一二個の直属旅団を有している。その兵力は一個軍団に相当する。

軽歩兵の主任務は、有事における第二戦線の形成である。そのため、遊撃戦を中心に、行軍訓練、市街戦訓練、高空浸透訓練を適切に配合した訓練を実施している。各軍団と訓練所・指導局は、実情によって直属軽歩兵旅団から大隊までを編成している。師団に直属大隊を編成している。

平壌市寺洞区域松新洞にある第38航空陸戦旅団は、特殊部隊員の降下訓練を行なう教育部隊である。

敵後方に侵入して重要軍事施設、道路、鉄道、飛行場、港湾などを破壊することを目的とする狙撃旅団も、数的には軽歩兵旅団に及ばないものの、訓練の厳しさや任務の重要性から見ると軽歩兵より数段上の特殊部隊と見るべきである。

軽歩兵や狙撃兵は、戦時に対応した訓練を行なうが、平時には敵軍後方への侵入のような任務は行なわない。しかし、テロや目標の偵察のために平時から海外へ派遣されている偵察総局の隊員は例外である。

北朝鮮の近接格闘術である「撃術」の基本動作を訓練する特殊部隊の隊員

一般部隊の四倍の訓練

ひとくくりに特殊部隊といっても、偵察兵、狙撃兵、軽歩兵では訓練内容が異なる部分がある。偵察兵は、狙撃兵、軽歩兵よりも訓練が実戦的で厳しく、訓練項目が極めて多い。

特殊部隊は一般部隊よりも階級構成が高い。大隊長は大佐、中隊長は少佐、小隊長は上尉（中尉と大尉の中間）、組長は中尉、組員（隊員）は少尉である。偵察兵の新兵訓練期間も他の兵種に比べて二〜四倍長い一年間である。他の

北朝鮮軍の射撃訓練。特殊部隊の隊員は自軍のあらゆる武器はもちろん、米軍や自衛隊の銃器での訓練も行なう

兵種は、三～四ヵ月の新兵訓練を終了し、「軍人宣誓」を行なった後、正規の軍人となる。偵察兵は「軍人宣誓」の他に「偵察兵宣誓」を行なう。新兵訓練を終了しても「偵察兵宣誓」を行なえない場合は、途中で一般部隊に配属される。

自衛隊の武器の取扱法も教育

偵察兵は、北朝鮮軍が装備しているすべての武器と韓国軍、米軍、自衛隊の銃器類を自由自在に取り扱うことができるように教育される。射撃訓練では、照準器を使用せず、感覚だけで目標板に文字を刻むことができる水準になるまで訓練される。拳銃は一〇～三〇メートルの距離からサイダー壜に命中させることが一つの目標となっている。

射撃動作は、運転中の射撃、降下射撃、水泳射撃、移動射撃、夜間射撃など、実戦で応用可能なあらゆる射撃動作を訓練する。これらの動作は何度も反復し、個々の動作が体に染み込むまで続けられる。

真空手榴弾

韓国軍や米軍で使用されている手榴弾に対する教育も受ける。手榴弾の投擲《とうてき》方法は多様である。傾斜面での投擲、平坦地での投擲、地上、空中、水中、運転、降下、夜間、室内での投擲のほか、真空手榴弾の投擲がある。

これらのうち、空中投擲と降下投擲は北朝鮮兵自身が負傷する恐れがある危険な投擲法である。空中投擲は、手榴弾を地上約五～一〇メートルの地点で爆発させることにより、殺傷力を極大化させることができる。そのため投擲するときは、安全ピンを抜いた後、支鉄を解放して、二つ数えてから投げるわけだが、タイミングを誤り自爆してしまうケースもある。落下傘で降下中に投下した際に、自分が投げた手榴弾の破片で負傷した兵士もいる。

真空手榴弾は、真空爆弾から考案されたものである。砲兵による支援が期待できない特殊部隊の任務の特殊性から、携帯可能な真空爆弾が必要になったからである。

真空手榴弾は、爆発後に半径数メートルを酸素がないか、または不足する真空状態にして敵を無力化し、再び意識を取り戻す前に武装解除または殺害するというものである。（北朝鮮軍は真空手榴弾のほかにも、液体真空爆弾を保有していると言われている。真空爆弾は爆発の燃焼によって真空状態を発生させる。これによって地下壕にいる兵士が窒息死するほどの威力がある）

この他にも手榴弾や砲弾を分解し、そこから出てくる火薬類を使用して火炎弾を製作したり、複数の手榴弾や砲弾で、橋梁、航空機、戦車、建造物などを爆破する教育も行なっている。

殺人のための体育訓練

偵察兵の訓練に「特殊体育」と称する体育訓練がある。これは、高いレベルの体力がある者でも困難な訓練である。

新兵の入隊日は、北朝鮮の各「道」（日本の県に相当）から選抜された新兵が殴打される日でもある。これが最初の「特殊体育」である。運動場の片隅に白色の四角形の線が引かれ、四本の柱に紐を結び付け、形だけのリングを設ける。ここで「キックボクシング」が開かれる。「キックボクシング」には、各「道」ごとに五～八人の兵士が参加するわけだが、格闘技の訓練を受けていない新兵の戦い方はまるで子供の喧嘩である。とはいえ、兵士は自分の出身地の名誉を守るため、血を流しながら戦う。これは、同期であってもライバルであることを再認識させるためである。

特殊体育の種目には、ボクシング、レスリング、柔道、テコンドーと、これらを結合した撃術（北朝鮮式の近接格闘術）、短刀操法、槍撃戦、歩兵スコップ操法などがある。一般体育には、器械体操、駆け足、水泳、水平及び傾斜ロープ、軍人体操、障害物克服、スキーなどがある。

ボクシングは一般的なボクシングではなく、敵を殺すことが目的なのでルールはない。手足を自由に用いて相手を打ちのめす。制限時間はなく、どちらかがギブアップするまで続けられる。

レスリングと柔術は簡単にできる戦闘技である。関節折り（指、手首、膝、首、腰、肩、背中）、ねじり、締付け、背負い投げ、受身を含む各動作を学ぶ。

代表的な動作を挙げると、▼手、腕、足、ロープなどを用いて窒息死させる動作、▼相手の首をつかまえる動作、▼体の他の部分が制圧されたときの脱出動作、▼拳銃や自動小銃、短刀などの武器を所持する相手に対して素手で対応する動作、▼鉄条網や有刺鉄線を含む各種軍事障害物を克服するための動作などである。

特殊部隊のテコンドーは、通常のテコンドーに含まれている全ての動作が含まれる。このような動作は、テコンドーの師範の資格を有する訓練指導員から学ぶ。北朝鮮の撃術は、軍種や兵種により若干異なるが、平壌市寺洞区域松新洞にある人民軍総参謀部作戦局第15号研究所（撃術研究所）で研究された動作を標準化している。

北朝鮮の特殊部隊員が毎日3000回行なう拳骨打撃訓練（上）。下は金正恩の前で行なわれた打撃訓練の様子

殺人マシーンへの道

基本訓練は、撃術の基本姿勢から始まり、様々な姿勢の反復の連続である。撃破のための訓練は、訓練時間中だけでなく、朝食、昼食、夕食前にも行なわれる。一日三〇〇〇回以上、打撃板（木材に縄を巻きつけたもの）を、拳骨、指先、手の甲、手の平、足を利用して殴打する。目的は力を集中する方法と撃破する時の快感を身につけ、胆力を鍛えるためである。

朝食前に中隊全員が打撃板に向かって立ち、中隊長の号令に合わせて「殴れ、殴れ、殴れ、〇〇野郎の頭……」と歌いながら（歌一曲につき二〇回の打撃を行なう）一〇〇〇回殴る。昼食と夕食の前にも一〇〇〇回ずつ殴る。この訓練を初めて行なう新兵は、手の皮が裂けて腫れ上がり、夜も眠れないほどである。

それでも六ヵ月ほど経過すると筋肉が柔らかくなり、体が打撃訓練に対応できるようになる。その結果、いつも拳骨や手の先で何かを殴る異常な癖がつく。訓練では、煉瓦を拳骨と手の甲と手の平で、瓦を指先や額、足を用いて割る。訓練のレベルによっては鋳鉄の板や木の板を使用することもある。

基礎動作の訓練が終了すると、四つのタイプの基本動作と一対一から一対二〇までの動作を学ぶ。訓練では我軍の役割より敵軍の役割をこなす方が難しい。なぜなら敵軍役は少しでも距離を誤ったら、殴られ、歯や骨が折れ、関節が外れることになるからだ。

力の集中、正確な打撃、素早い動作という撃術の三つの原則を守るため、初めは絵を用いて理論教育を実施し、実地訓練ではマネキンが使用される。

一般住民を標的に短刀投げ

偵察局直属大隊が駐屯している黄海南道信川郡梨木里一帯（北朝鮮南西部）の住民は、外出中の軍人から訓練の対象にされることがある。それは、「短刀投げ」の訓練判定を前にした兵士が、住民を標的代わりにして肩慣らしを行なうからである。最初にこの訓練を始めたときは、腕がひどく痛く、腫れ上がる。そして数日もしないうちに投げた短刀が目標に突き刺さらないようになる。この訓練は丸太で作った人形を目標にする。一〇メートルから三〇メートルまで飛ぶように力の集中と腕回しの力を利用して短刀を投げる。これに熟練すれば、あらゆる状況下で動作が出来るようになる。

このような訓練で使用する短刀は、北朝鮮軍の総合兵器工場で製造されるのではなく、各軍団と訓練所の兵器修理所で製造される。訓練は軍種・兵種ごとで行なわれる。このため、他の部隊の短刀を使用することになる場合は、最初から訓練をやり直さなければならない。

このほか、北朝鮮軍の兵士全員が習得する槍撃戦は三六の動作からなる。これは弾丸が尽きたり、銃が使用できない状況になった場合に、銃床、銃剣、弾倉などを利用して白兵戦を行なうためのものである。

このような撃術の動作は、訓練のためだけでなく、祝日や記念日での展示用にも使われる。

スコップを使用した殺人訓練

歩兵用スコップや工兵用の鉈《なた》は、本来、個人の塹壕を掘るときや木を切るときに使用するものだが、一九七七年に総参謀部第1戦闘訓練局が、歩兵用スコップを近接戦に利用する「歩兵スコップ操法」なるものを編み出し、訓練教範にして部隊に配布した。

スコップの刃は、相手の首や頭、足の関節を攻撃し、致命的な傷を負わせることができ、生命も奪うことができる。このため、歩兵用スコップと工兵用の鉈で敵を殺傷するため、短刀を投げるときのように、これらを目標物に命中させる訓練を基本訓練科目に加えた。

その結果が、有名な一九七六年八月一八日の「板門店ポプラ事件」である。この事件で殺害された米兵は北朝鮮兵に斧で殺された。この事件以降、北朝鮮軍のすべての特殊部隊で歩兵用スコップと手斧投げが一般化した。

1976年８月18日、共同警備区域のポプラを剪定しようとした米・韓軍が襲われたポプラ事件の映像。北朝鮮兵が斧を振り回している

一九八〇年代初めには、欧米のアクション映画の影響か、皿、鉄製の箸、ナイフを投げる訓練が頻繁に行なわれた。食事中に襲撃が始まると、全員がそれに応戦する。皿は回転させながら首を、鉄製の箸とナイフは目や手首に命中させるように投げて

くるので、全員が必死になる。

極寒の水泳訓練

特殊部隊に所属したことがある兵士なら、古参兵に訓練場へ連れていかれ、一晩中、鉄棒にぶら下がった記憶があるはずだという。

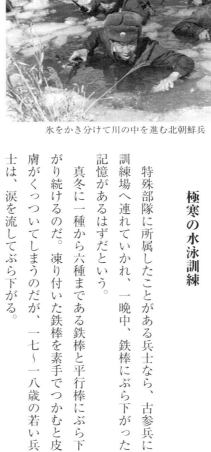

真冬に一種から六種まである鉄棒と平行棒にぶら下がり続けるのだ。凍り付いた鉄棒を素手でつかむと皮膚がくっついてしまうのだが、一七〜一八歳の若い兵士は、涙を流してぶら下がる。

氷をかき分けて川の中を進む北朝鮮兵

冬になると朝五時に起床し零下二〇〜二五度の極寒の中を八キロ走るので、耳や鼻が凍って凍傷になることもある。しかし、さらに厳しいのは心臓麻痺で死亡する兵士が発生するほどの極寒のなかでの水泳訓練である。

最初のうちは凍えてしまうが、しばらく経つと完全に感覚がなくなるのだという。古参兵の話では、綿や布切れで被い隠せば少しは大丈夫らしい。しかし、結婚しても子供を作ることが出来なくなるような致命傷を負うこともあるという。

事故死は「戦死」扱い

冬季はスキー訓練や障害物克服訓練、水平及び傾斜ロープ渡りを行なうため、他の季節よりも事故が多い。このような訓練に参加して死亡した場合は、部隊から兵士の家族に「戦死者証書」が送付される。訓練中に指揮官の不注意により死亡した場合であっても、特殊任務遂行中に米軍や韓国軍により射殺されたと虚偽の通知を行ない、遺族に敵愾心を植え付けることに利用している。

スキー訓練で最も危険な項目は射撃である。隊列からわずかでも離脱してしまうと、本人が気付かないうちに銃口が横の同僚の方に向いてしまうことがあるためだ。

雪が降り続く日の水平ロープによる渡河訓練では、ロープから足を踏み外したら補助ベルトにぶら下がった状態から元の位置に戻らなければならない。だが、経験が少ない者は最後まで元に戻ることができず、逆さのまま前進を続けることになる。

傾斜ロープでは、最後の着地に失敗した場合は、頭と顔に重傷を負うことがある。たとえ命が助かったとしても、一生を障害者として生きていかなければならない。

死の降下訓練

特殊部隊の訓練のなかで最も恐ろしい訓練が降下訓練だという。訓練中に死亡したり、下半身麻痺になる兵士が後を絶たなかったからだ。これは一〇年間で「一〇〇回降下」という目標があったためだ。

訓練では様々な地形での着地動作が行なわれる。木や建物の上、海や川に着水したときの動作、降下中に他の落下傘と重なった場合の行動要領、夜間降下、降下中の射撃、また敵陣に降下した場合に生起すると思われるあらゆる状況を想定した訓練を行なう。

三回目の降下では「武装降下」を行なう。ＡＫ自動小銃で地上の敵を殲滅させるのである。訓練では大部分が空包なので射撃の姿勢を取るだけで済むのだが、射撃を行なう前に着地してしまう場合が多いという。

事故が最も多く発生するのは「夜間降下」である。樹木の枝に引っ掛かることもあれば、水上に降下してしまうこともある。このような場合、他の隊員が一晩中、捜し回らなければならない。特に水上に降下してしまい、落命する兵士が多い。

その一方で、八〇〇メートル上空から石ころのように落下したにもかかわらず、奇跡的に助かった軽歩兵教導指導局所属の中士（軍曹）がいた。彼は、一九七七年に開かれた人民軍第七回扇動員大会で軍人の歓呼の拍手喝采を浴びながら金日成から賞賛され、傷ついた脚を引きずりながら演説を行なった後、自分の席に戻った。

彼は降下訓練に参加した際、事前準備をおろそかにした。そのため落下傘が開かなかった。しかも補助傘もなかったので、そのまま落下してしまったのだ。幸いにも沼地に着地したため、

An-2輸送機からの降下訓練

北朝鮮軍のAn-2輸送機と機内の様子

即死は免れたものの全身を骨折した。

しかし、「どんなことがあっても死なせてはならない」という金日成の命令を受けた人民軍第11号病院の医師団が、昼夜を問わず治療を行なった。そして、ついに彼は一命を取りとめ、降下英雄となったのである。

空挺部隊を視察する金正恩

特殊部隊の武装降下訓練

深夜の地形学訓練

縮尺五万分一の軍用地図は、総参謀部測地局の隊員が一年を通じて険しい山を歩いて作成したものである。しかし、手作業で作成したものであるため誤差が大きく誤りが多い。このため、教育されたとおりに等高線に沿って自己の位置を判断することが困難になる。若い兵士だけでなく古参兵でも大変な作業になるという。

黄海南道信川郡、三泉郡一帯（北朝鮮南西部）には、山脈から離れて独立した峻険な山がある。特殊部隊員が最も嫌がる九月山である。隊員がこの山を嫌う理由は、山の地形があまりにも峻険で、峰がよく似ているため、他の山の峰と比較できないためだ。

実地訓練は実戦を想定して行なわれる。午前二時に緊急事態を意味する「暴風警報」が中隊に発令され、組（三人）単位で戦闘装具を携行して、小隊長の命令に従い、地図を見ながら第一合流地点まで行かなければならない。

闇夜に山の稜線と谷間に沿って行軍する場合、地図とコンパスを少しでも見誤ると目的地と全く違う方向へ向かうことになる。この場合、朝食が与えられないだけでなく、似たような峰と谷間のなかを徘徊することになる。

しかし、朝食抜き程度で済めばいいのだが、無線が途絶し、食糧が尽き、切羽詰まってカエル、ヘビ、バッタ、トカゲなどの動物や、木の根や松の樹皮などを食べてしまい、寄生虫に感染したり、診断できないような異常な病気にかかり除隊になることもある。また、寒さと飢えの中で最後の瞬間を迎えることもある。

冬季の地形学訓練は、こごえた手足で雪中壕をつくり、そこで眠らなければならないという厳しさがある。これは激しい体力消耗を伴う。だが、訓練を手抜きするチャンスもある。指定されたコースを省略して列車や自動車を利用して目的地に到着した後、民間人居住地で気楽に過ごし、時間に合わせて集合地点へ行くのである。

韓国兵になりきる訓練

偵察兵は、韓国兵に偽装する訓練も受けている。これは、「敵軍学」と呼ばれている科目で、主に韓国軍に関する教育が行なわれるのだが、米軍と自衛隊に関する教育も並行して行なわれる。

「合法訓練」は各種訓練のなかで、楽で退屈せず、面白い訓練だという。ここで言う「合法」とは、敵陣に侵入したときに隠れるのではなく、韓国の軍人に偽装して活動することを意味する。

合法訓練では、韓国軍人の精神面、武器などの装備品、指揮方法、訓練内容など多種多様な内容の教育を受ける。二ヵ月間の「合法訓練課程」があり、平時から韓国などへ侵入する任務を帯びている偵察、狙撃、軽歩兵部隊が教育を受ける。

合法訓練期間中は、軍服、武器、生活用品、言語など全ての面で敵軍になりきらなければならない。このほか、韓国軍が使用する全ての軍事用語、軍事組織、軍歌、衛兵勤務規定、内務班（兵舎）生活、食事、編成、訓練、部隊の別名、部隊配置、韓国の地理、ソウルや地方の方言、地域の風習などについて学ぶ。この時間を担当する教官は、韓国から亡命または拉致した元韓国軍将校や下士官である。

韓国軍と北朝鮮軍では軍事用語が異なるだけでなく、階級制度も全く違う。韓国へ侵入した偵察兵が服装などで韓国兵を偽装していても、北朝鮮訛りや、北朝鮮の軍事用語を使ってしまったら、すぐに疑われてしまう。このため、韓国語の表現の習得は重要な訓練の一つとなっている。韓国軍憲兵の検問にあった場合を想定し、卒業学校名と論山訓練所（韓国陸軍の教育部隊）の入隊時期などをよどみなく答えられるようにしている。

ただ、韓国軍では胸に名札を付けているが、北朝鮮軍人には何故名札をつけるのか理解できないようである。

軍服の偽造

平壌市船橋区域にある船橋被服工場で製造した韓国軍の軍服はいつも背嚢のなかに入っている。いつ実戦に投入されてもいいようにしているのだ。だが、「国軍」または「陸軍」と書かれたベルトや軍靴は、北朝鮮製軍用品より質がいいため、除隊する時に保衛指導員の目を盗んで家に持ち帰り、人民保安員（警察官）に取り上げられることもある。「韓国製品」の人気は、今も昔も変わっていないようだ。

合法訓練の最終段階では、直接、非武装地帯を警備する韓国兵の生活を確認する。開城と江原道の非武装地帯付近に所在する第一梯隊師団隷下の民警大隊に配属され、北側の境界線を越えて中央境界線まで行き、壕を掘った後、双眼鏡や砲隊鏡により韓国軍の哨所を監視する。この時、ホイッスルや鐘の音をもとに韓国軍の日課を表にしてまとめる。

北朝鮮軍の政治指導員の宣伝どおりだとすれば、色とりどりの服を着てテコンドーの訓練を行なう韓国兵は一般の兵士でなく、特別に選抜された対北朝鮮心理戦部隊の要員ということになる。

軽歩兵部隊の場合は、合法訓練を各旅団が独自に行なう場合もあるが、平安南道陽徳郡（北朝鮮中部）の基地に全軍の軽歩兵が集合して訓練を行なう場合もある。

偵察局隷下の部隊は連隊偵察小隊を除いて、中隊以上は平安南道平原郡漁波里にある「合法訓練所」で実践的な敵軍教育を毎年二ヵ月間行なう。

日本に関する教育

日本に関する教育では、朝鮮半島で戦争が勃発した場合の、日本の補給基地としての役割について、また、特殊部隊を投入した場合の破壊目標などについて教育を受ける。元偵察局隊員の金国石《キムグクソク》氏は、原子力発電所は安全管理が厳しいため、都市ガス、変電所、新幹線、地下鉄、主要橋梁、石油タンクを破壊する方がより効果的であると教官が述べていたと、著書の中で明らかにしている。

地獄の駆け足訓練

一般部隊で行なわれる駆け足訓練は、一〇〇メートル、八〇〇メートル、一五〇〇メートル障害物克服訓練である。特殊部隊の場合は同じ内容であっても、後方からの敵の追撃戦に備えるものであるとともに、単独及び組単位による任務遂行に必要な訓練となる。

二〇度〜五〇度の傾斜地で行なわれる「心臓破りの峠越え」では、五キロの砂脚絆を両足に巻き、さらに一〇キロの砂が入ったチョッキを着用して、小隊長や組長の号令で五〇メートルの傾斜地を往復する。

この訓練は、韓国における任務遂行中に発見された場合に対応する（逃走する）ための基礎的な体力錬成訓練でもある。北朝鮮へ帰還するためには、場合によっては山脈を越える必要もあるため、傾斜地を駆け上がる訓練は重要である。

北朝鮮製68式拳銃とAK自動小銃、短刀、捕縄、背嚢（韓国軍の服装一式、携行糧食、地図、個人天幕、予備弾など）、防毒マスク、歩兵スコップ、弾帯等の装具類を装備して行なわれる武装強行軍は、経験したことのない者には想像もできない過酷な訓練の一つである。

厳冬の四〇〇〇キロ行軍

四〇〇〇キロ行軍は特殊部隊の必修科目である。四〇〇〇キロ行軍は冬季訓練（第一期訓練）の課題に含まれている。訓練の最終判定は、人民武力省作戦局と戦闘訓練局が指定する総合判定所で行なわれる。

北朝鮮各地にある判定所を目標地点とし、そこから四〇〇キロ離れた地点を出発地とする。各部隊は行軍経路を設定し、人民武力省から派遣された講評員の監視下で、定められた時間に同時に出発する。

行軍中は戦闘状況（敵機による空襲、生物・化学兵器に対する対応、火災、敵軍の待ち伏せ、夜間襲撃、渡河、追撃戦など）が付与される。この行軍は、一人の落伍者も出ないようにしなければならない。

一日の行軍が終了すると組（三人）単位で食事を準備する。谷間に壕をつくり、壕の床には枯葉と木の枝を敷き詰め、そこに個人用天幕を張る。毛布一枚で長い冬の夜を少しでも快適に過ごすために、寝る前に平らな石を火にくべて、これを抱きながら横になったり、三人が「くの字」型に横たわってピッタリくっついて寝ることもある。このとき、古参兵は新兵のために真ん中の場所を譲ってやったり、防寒用の帽子を使わせたり、手袋や靴下を履かせたり、非常用アルコールで体を拭う方法を教える。

ノミとの戦い

夜明けを待ちながらたき火をしたり、壕の中でタバコを吸い続けて夜を過ごすと、睡眠不足で翌日の行軍は一段と苦労することになる。この行軍が一五日間繰り返されるわけだから、自然と体が軽くなる。

川や水たまりが完全に凍りついてしまい、洗面や歯磨きをする水もなくなってしまう。そのため雪をとかした水を使って顔をこする、こうして手があかぎれになる。

みすぼらしい姿になっているので、集落を通過するときは恥ずかしさがこみあげる。さらに問題なのは、入浴ができないため体にノミがわき体中が痒くなることだ。初めのうちは、ひたすら掻き続けなければならないため眠れない。しかし、数日すると慣れてしまい、眠れるようになる。

冬用の下着は頻繁に着替えることができないので、そのまま我慢し、訓練終了後に中隊に帰ってから着替えることになる。極寒のなか屋外で寝なければならないため、下着を脱ぐことができないという理由もある。とはいえ隊員たちは、あまりにも痒さが続くため、夜寝るときに寒さをこらえて下着を脱ぎ、雪の中に入れておく。そうするとすべてが凍りつく。しかし、それでも生きているノミがいる。

このようなノミには最終手段を用いる。谷間にある中隊兵舎は無煙炭や木で暖房している。下着を脱いで灼熱の放熱板にあたると、人の血を吸い取って丸くなったノミがあちこちに落ちてパチパチという音をたてる。隊員たちはこの場面を「火刑」と呼んでいる。

特殊部隊同士の闘い

行軍中、まれに他の部隊に遭遇することがある。このような時は、自然に自分が所属している兵種に対する自負心と自尊心が現われ、体力ゲームが行なわれることになる。特に軽歩兵と偵察兵は、お互いに長所・短所をもっているため衝突することになる。

軽歩兵は偵察兵より数的に優勢である。毎年行なわれる四〇〇キロ行軍でいつも一等を譲らない。また、第二戦線の形成においては主力となる部隊となる。したがって軽歩兵は、「なぜ我々は中士（軍曹）編制で、奴ら（偵察兵）は少尉編制なのか」、「奴らは、我々よりレベルが低いのに階級が高い。何か理由があるのか」といって不満をもらす。これに対して偵察兵は、「軽歩兵は横暴に銃を撃ち、破壊し、放火することしか知らない無頼漢部隊だが、我々はレベルも高く喧嘩もきれいに静かに行なう紳士部隊である。彼等にはないものが我々にはある」と自慢する。そのうえ、「新兵訓練も彼等は六ヵ月だが、我々は一年で、階級も全員が少尉以上であり、拳銃を所持し、撃術では我々が一段上なので一番を譲ったことは一度もない」といった自尊心を持って対決する。

結局、このような葛藤が競争心となり、二つに分かれる。しかし峻険な山岳地帯なので乱闘は行なえない。このため腰のベルトを解き、足に巻きつけ、膝相撲を始める。開始の号令と同時にうなり声が交錯し、瞬く間にゲームが終了する。一般人が行なう膝相撲とは異なり、ときにはベルトにまかれた足で相手の顔を目標にして一発ずつ殴って終わるため、勝ち負けの境がない。だが最後には「判定場でまた会おう」と挨拶をかわして行軍を再開する。

行軍中の訓練で肉体的に最も辛いのは、完全武装した状態で崖を登ることである。崖登りは、行軍経路に設定されているため避けて通れない。最初に登った隊員がロープを張り、これにつかまりながら九〇度の絶壁を這い上がらなければならない。もし途中で力尽きて止まってしまったら、下にいる指揮官の皮肉を、また上の方にいる講評員の命令を聞きながら汗を流さなければならない。それでも六〇度や八〇度の崖はまだいいが、九〇度やそれ以上の障害物は負担が大きい。極度に体力を消耗するので誰にとっても恐怖の訓練である。

※韓国軍特殊部隊も四〇〇キロ行軍を実施

韓国軍特殊部隊も四〇〇キロ行軍を行なっている。韓国軍がこのような訓練を行なっている事実は公表されていなかったが、一九九八年四月に忠清北道・峌周之山（一二四九メートル）頂上付近で、行軍訓練を行なっていた韓国陸軍部隊が一日午後一〇時四五分頃に大雪に見舞われ、兵士六人が寒さと疲労で死亡、四人が入院するという事故が発生して明らかになった。

陸軍特殊戦司令部に所属する同部隊は「千里行軍」の名目で、三月二八日から標高一〇〇〇メートル前後の山で訓練中だった。聯合通信（現・聯合ニュース）は、「一日夜の野営中に三〇センチを超える季節外れの雪と強風に見舞われ、体感温度が氷点下一〇度以下になり、死亡したとみられる」と報道している。

「万能戦士」の養成

「自動車だけでなく、飛行機や戦車も操縦できるようにせよ」

この言葉は、金日成が特殊部隊指揮官や政治将校に対して行なった演説におけるものである。このため、操縦訓練が重視され、北朝鮮製のトラックから始まり、米国製・日本製のジープ、韓国製の軍用トラック、戦車、装甲車、飛行機、各種艦艇、機関車など、動力で動く全てのものが対象となった。

飛行機の操縦は咸鏡北道鏡城郡一郷里（北朝鮮北東部）の飛行軍官学校、戦車と装甲車は平南道价川（北朝鮮中部）にある戦車軍官学校、艦艇は東朝鮮湾の咸鏡南道退潮（現在の楽園郡）にある海軍軍官学校、列車は江原道の元山機関区、自動車は各部隊で行なう。しかし、燃料事情が悪いため各学校とも本来の訓練ができない状況にある。ましてや特殊部隊の委託教育を行なうことは困難である。飛行機は実際に操縦を行なうことはほとんど不可能であるため、模型を使用して学ぶ。それでも自動車だけは少しは運転することができる。

現実がこのような状態であるため「万能兵士」になることは、口先だけの呼びかけにすぎない。古くなった車はいつも故障するので、運転訓練がある日になると体中が油まみれになる。運転する時間よりも修理する時間のほうが多い場合がほとんどだからだ。しかも、使用不能になった部品の代替部品を求めて、近隣部隊や民間の車両を襲撃することすらある。夜間、密かに侵入し、必要な部品を取り出すことが偵察兵の訓練課程の一つになっているのが現実である。

韓国派遣前の訓練

若い特殊部隊員にとって最も嬉しいのは、同年代の隊員よりも先に作戦組に編入されることである。これは、昇進と名誉、労働党への入党が約束されたことを意味するからである。

黄海南道信川郡には、韓国に派遣されたものの帰還できなかった偵察局所属の工作員の墓がある。毎年、記念日や新兵訓練期間にここに参拝し、厳しい訓練に耐えて一回でも作戦組に編入される機会が得られるよう祈願する。実際に任務を遂行して帰還し、「英雄」や「二重英雄」（英雄称号を二度受けた者）となった大隊長（大佐）や大隊政治委員（大佐）の武勇伝を聴くと、勇敢かつ大胆であれば生還できると思ってしまう。

毎年行なわれる訓練判定では、最も優秀な組（三人）が選抜されて作戦組が編成される。無事大隊判定と偵察局判定を通過すれば、六ヵ月分の食糧と装備を持って黄海南道信川郡と三泉郡に隣接する「九月山訓練所」に行くことになる。

訓練所と言っても特に兵営があるわけではないため野外で天幕を張り、韓国での任務遂行に必要な各種訓練を行なう。訓練では生きるか死ぬかの極限状態に自分を置く。作戦組の訓練において重要なことはチームワークだが、それよりも重要なのは政治思想教育である。全隊員が、党と首領、祖国と人民のため、いつでも命を捧げる覚悟を持たせるためである。こうして全ての訓練が終了した後、正式に任務が付与される。

捕虜になる前に自殺

北朝鮮軍兵士、特に特殊部隊員にとって最も恥ずべきことは、敵の捕虜になることである。兵士に「英雄的朝鮮人民軍兵士は、敵に投降したり捕虜となってはならない」という考えを植え付けるため、敵の捕虜になることは「決してあってはならないこと」であり、「危急な状況

1996年９月、韓国江陵沖で座礁した北朝鮮潜水艦から上陸、韓国軍に射殺された北朝鮮兵

江陵潜水艦座礁事件で上陸後に集団自殺した乗員らの衣類・装備を調べる韓国軍

が発生した場合は、何も考えることなく自爆しなければならない」という洗脳教育を行ない、隊員をロボット化する。

捕虜になる危険に直面した場合や、敵陣から脱出できないと組長が判断した場合、組長は組員に自殺を命令することができる。万一、組員が少しでも躊躇した場合は、組長は容赦なく彼等を射殺することができる。

韓国へ亡命した元工作員の証言によると、緊急時の自殺要領には次のようなものがある。

①円陣を組んで立つ各人が、それぞれ横にいる同僚を射殺する。

②円陣を組んで座る各人が、それぞれ手榴弾のピンを抜く。

③一人の隊員が全同僚を射殺してから自殺する。

④別行動する組が本属のチームに戻り、全員を射殺する。

このほか、死亡しても顔を知られないようにするため、口の中で噛めば爆発する自爆用小型爆弾が製造されたこともある。二〇〇二年に韓国へ亡命した三〇代の元北朝鮮軍将校は、平壌で見たビデオの映像に、特殊部隊員が襟に付いたスイッチを押して自爆するシーンがあったという。そして、「こういう気持で戦争に臨まなければならない」というナレーションが流れたと証言する。

任務完遂のための「処理規則」

作戦組は偵察活動を三人で行なう。しかし、任務完遂という美名のもと、三人組の任務遂行規則には、組の集団行動に支障をもたらす隊員に対する曖昧な「処理規則」がある。したがって、それをどのように解釈するかにより、その隊員が味方により射殺されることもある。反対に「革命的同志愛」により命を救われることもある。

一九七〇年代から一九八〇年代にかけての任務遂行記録を見ると、生還できた場合でも英雄称号を授与されない隊員が存在した。それは次のようなケースである。

▼指示された移動経路を変更した場合、▼状況から見て自爆が当然であったにもかかわらず生還した場合、▼任務遂行報告書に韓国に対する同情心が見られる場合、▼韓国人の尾行や追跡を受けたにもかかわらず、その相手を射殺しなかった場合、▼任務遂行を怠って酒を飲んだ

り、安逸な生活を送り時間と資金を浪費した場合など、様々な要因がある。

このような場合、思想闘争会議や党生活総和、隊論争、一〇大原則再受講討議などの集会で、自己批判や相互批判を繰り返し、自己の思想を検討しなければならない。

六ヵ月間の作戦組訓練のうち、深い谷間での訓練では階級や任務別の訓練を行なう。組長(中尉～大尉)は組の責任者として、副組長(少尉～上尉)は副責任者としての訓練と無線手として、打電、暗号作成、暗号解読訓練を行なう。組員(少尉～中尉)は無線訓練を受ける。

刻印が消された武器

作戦組が使用する武器は、チェコ製のPPSH(小型機関短銃)と消音器を装着できる小型拳銃、ロシア製AK自動小銃、トカレフ拳銃、オーストリア製短刀、北朝鮮製手榴弾である。これらの武器には生産工場や生産年度を示す刻印がない。これには、過去に偵察兵や工作機関の戦闘員が韓国で射殺されたことが背景にある。

事件が発生した場合、韓国軍と国連軍側は証拠(銃器類、被服、人物写真など)を軍事休戦委員会に提出し、北朝鮮側の責任を追及することになるからだ。

しかし、たとえ証拠物件を提示しても銃器類に刻印がなければ言い逃れができる。その後、北朝鮮はメディアを総動員して「南朝鮮の傀儡政権による謀略騒動」として事件を歪曲して非難する。

実際に北朝鮮は、一九七〇年代から一九八〇年代の侵入事件で、軍事休戦委員会の国連軍側から提出された、射殺された北朝鮮兵の写真と証拠資料を全て否定した。しかし、北朝鮮は犠牲者に英雄称号を授与した。墓には本人の遺体がないまま、生存時に着ていた軍服と帽子・靴を棺に入れたという。

ロシア製のトカレフ拳銃。作戦組仕様では、刻印がすべて消される

韓国軍仕様での訓練

作戦組が訓練時に使用する生活用品や被服は、すべて韓国製を真似たものである。被服は、平壌市船橋区域にある船橋被服工場特殊製作所で韓国軍の軍服やベルト、軍靴を模倣して製造している。その他のもの（私服や靴、時計、下着、手袋、歯ブラシ、歯磨き粉など）は、実際に韓国で生産されたものを使用する。韓国製品を入手するのが困難だった時代は、日本の朝鮮総聯（在日本朝

鮮人総聯合会）を通じて入手したもの、あるいは一九八〇年代に水害救援物資として韓国から北朝鮮へ送られた軽工業製品を使用していた。

隊員は六ヵ月間におよぶ作戦組の訓練を「パルチザンに行く」と表現する。つまり、それくらい劣悪な条件で訓練をしなければならないことを意味する。上級単位の指示に従い、市民組、軍人組、学生組の訓練を行なう場合、偵察局は大部分が軍人組訓練を行なう。韓国に侵入して韓国兵に偽装して活動するためである。

韓国における主な任務は、在韓米軍と韓国軍の飛行場の状況を再確認すること、新たに建設された貯水池やダムの構造、地対地・地対空ミサイル基地、主要部隊の移動状況など、すでに作戦地図に記入されている事項の変化を再確認し、これを地図に記入し、写真を撮ることである。

作戦組は作戦計画を立案し、侵入経路を確認し、帰還経路を設定する。不測事態を考慮して第二、第三の計画も立てる。

東海岸の険峻な山を利用した北上、中部地域の非武装地帯の突破、西海岸で民間漁船を奪取しての帰還、組の集合行動要領、各個分散誘引戦術（注・原文のまま）、韓国軍の非常事態が解除されるまで壕の中で戦闘用糧食だけで七〜一五日間潜伏する長期潜伏訓練、ハイジャックを伴う任務の遂行など、任務完遂のためには手段を選ばない。

非武装地帯内での活動

「地形偵察訓練」は、非武装地帯の中央に設定されている軍事境界線を越境して活動し、帰還する経路を選定する訓練である。

この訓練では、敵軍の配置と動きを察知しなければならないため、地理に明るい必要がある。この訓練は自分自身と組の運命に係わる重要な訓練である。

訓練命令が下達されると、北朝鮮軍第1軍団、第5軍、第4軍団に所属する非武装地帯一帯の民警大隊（警備部隊）に各一～二個組が配属され、非武装地帯に潜伏して地形偵察訓練を実施する。

日没後に潜伏勤務に就く民警大隊の軍人とともに行動し、壕を掘り、砲隊鏡（大型の双眼鏡）を設置する。その後二四時間、食事を乾パンで済ませながら、非武装地帯の韓国軍の哨所を観察する。そして韓国軍の兵営から聞こえるホイッスルの音から訓練内容や日課を記録し、勤務交代時間、哨所の位置、人員と携帯装備などを細かくチェックする。

偵察結果によって、勤務交代時間の間隔、最も眠くなる深夜二時～五時の間の巡察時間の間隔、哨所と哨所の間隔、対戦車障害が設置されていない地域、韓国と北朝鮮をまたぐ臨津江が北から南に流れる地域、警備が手薄な地域などが決定される。

※韓国軍と銃撃戦になった例

一九九二年五月二二日、北朝鮮軍の兵士三人が軍事境界線南側の非武装地帯で射殺された。韓国陸軍は、三人全員が韓国陸軍の軍服を着用し、偵察装備や二、三日分の食糧を所持していたことを明らかにした。銃撃戦は当初、両軍が遭遇して偶発的に起きたとの見方があったが、韓国陸軍当局者は、北朝鮮兵がビデオカメラを所持していたため韓国軍の最前線の部隊配置などを偵察するため侵入したとみている。

北朝鮮兵は、韓国軍が使用しているM-16小銃や拳銃、北朝鮮製の手榴弾のほか、日本製のカメラ、ビデオカメラとフィルム一六本なども所持していた。韓国陸軍によると、二二日未明に軍事境界線南側の非武装地帯で複数の北朝鮮兵を発見したため監視を続け、朝になってから兵力を増やして包囲した。三、四回、「投降するか、南へ帰順（亡命）せよ」と拡声器で呼びかけたが、応答はなかった。

同日午前一一時二五分ごろ、北朝鮮兵が発砲したため、双方が小銃を撃ち、手榴弾を投げて交戦した。北朝鮮兵二人は現場で射殺され、残る一人は約四時間後に別の場所に潜んでいるのが見つかり射殺された。

白昼の韓国侵入

白昼の侵入を成功させる最も簡単な方法は、上半身を草で偽装して一時間に一メートル前進することである。これは、集中して監視していても動きを見破ることは難しい。特に夏季と冬季に有効な方法である。一九八〇年代に韓国による対戦車障害物の設置以後は（北朝鮮の主張によれば鉄筋コンクリート障壁）侵入ルートの設定が制限された。そのため、この方法が重視され、実際に成功している。

韓国へ侵入するための秘密ルートの一番目は陸である。二番目は海、三番目は航空機や気球を利用した空からの侵入である。海や空からの侵入は、人民武力省偵察局海上処と空軍司令部が行なう。

海外の秘密ルート

海外の秘密ルートのうち、最も多く利用される国や地域は、香港、シンガポール、マカオ、台湾、日本、中国、ドイツ、ロシアの順である。この地域では、永住権を取得するため労働党対外情報調査部、社会文化部、作戦部、人民武力省偵察局、国家安全保衛省の要員が現地人と偽装結婚して、企業や商店を経営しながら案内人の任務を遂行する。（注・組織名は証言当時のもの）

国外へ派遣される工作員は全員、北朝鮮に妻子を残している。また任務遂行のため現地でも妻子を持つ重婚である。彼らは数年に一回程度、北朝鮮に一時帰国して平壌の秘密施設で妻子と再会する。妻子を北朝鮮に残すのは亡命防止の意味もある。

女性工作員の任務

二〇〇九年以降、偵察総局は女性工作員を増員するとともに、活動範囲を大幅に拡大した。中国では女性工作員が三〜四人単位で情報活動を行なっている。

女性工作員は、対象国の党・政府・財界の要人と交際するために高度な教育水準と容姿を有している。ハニートラップを仕掛けるためである。現地で結婚したり、重要な会話が交わされる高級ホテルや高級料理店に就職し、仕事を続けながら工作活動を行なったり、上部の指示に従って作戦組の案内人になることもある。

最も有名な女性工作員は、一九八七年の「大韓航空機爆破事件」実行犯の一人である金賢姫だが、最も韓国の情報機関を驚愕させたのは李善実《リソンシル》であろう。

韓国情報機関を驚愕させた女性工作員

李善実は約一〇年にわたり韓国で活動していた。彼女は一九八〇年~九〇年代初めに韓国へ潜入、野党政治家や学生運動家などと接触し、韓国で最大の地下組織「南朝鮮中部地域党」の構築を指揮した。

また彼女は、日本の入管当局の甘い審査を巧妙につき、別人になりすまして「特別在留許可」を取得、大阪市生野区で次世代の工作員とみられる二人の少年を養成していた。この事件では最終的に六二人が逮捕されたが、李善実本人は地下組織が壊滅する前に北朝鮮に戻っていたため逮捕されなかった。

一九九〇年代半ばに別件で逮捕された北朝鮮工作員は、一九九〇年に潜水艇を使って彼女を北朝鮮に運んだと供述している。

李善実は北朝鮮へ帰国後、功績が認められて朝鮮労働党の政治局員候補となったわけだが、彼女が長期にわたり活動できたのは、工作員のイメージとは程遠い、温厚な主婦という雰囲気を持っていたこともあったのだろう。

このほか、女性暗殺要員の例として、韓国の金泳三《キムヨンサム》大統領が一九九四年三月に訪中した際、北朝鮮は三人の女性工作員を送り暗殺を謀ったが中国国家安全省に阻止され、未遂に終わっている。

※最近では、北朝鮮から韓国へ派遣された女性工作員の例として、二〇〇八年に逮捕され、一三年に釈放された元正花《ウォンジョンファ》の例がある。しかし、本人が主張する内容に矛盾があるため、少なくとも大物の工作員ではないのは確かである。

民間人を巻き込んでの訓練

敵地へ侵入しての活動を想定した、より実戦的な大掛かりな訓練も行なわれる。

訓練地域の一般部隊の軍人と地域住民に対して、事前に「訓練ゲリラ」の侵入時間と侵入場所を通知し、さらに「訓練ゲリラ」を摘発する方法も公示しておく。

そのような状況下で、「訓練ゲリラ」は発見されることなく目的地に到達し、工作員と接触、さらに施設に爆薬を仕掛けたことを示す標識を設置する。しかし、目標とする施設は地元の部隊が警備しているため容易ではない。

この訓練では、地域住民に負傷者が発生することもある。また、「訓練ゲリラ」との戦闘で負傷する軍人も多い。

海外での実習

作戦組の訓練課程を終えた隊員に限り、外国での実習期間が与えられていた時代があった。しかし、一九八〇年代末に東欧の社会主義国が崩壊してから実習場所がなくなったことと、資金不足により、外国での実習そのものが現在は行なわれていない。

韓国における実習も計画されたことがあるが、危険を伴ううえ、多くの資金が必要となる。あくまでも実習であるため具体的な任務が付与されるわけではない。このため「手ぶらで帰る」ことになる。これに反発が起こり、小さな任務でも付与して行なわれるようになった。

韓国での活動要領については、大通り、公園、地下鉄、駅前、食堂、人通りの少ない場所など、場所を問わず、自分を疑いの目で見たり、自分を尾行していると思われる相手が現われたり、自分の言動（北朝鮮訛り）や行動が相手に知られた場合には、老若男女を問わず容赦なく殺害し、自らの足跡を残さないようにしなければならないと教育される。

特殊部隊の訓練および教育内容

政治学習	金日成の偉業および人徳
	朝鮮労働党のイデオロギーおよび政策
	革命の伝統
	抗日パルチザン闘争
	資本主義社会の矛盾
	勝利を追求する精神
	主体思想
	敵性住民および敵軍人を共産主義思想に改宗させる要領
地理	上級オリエンテーリング
	地図の作成
	韓国の地理
衛生	保健衛生
	個人衛生
	環境衛生
	上級救護
武器訓練	歩兵火器
	迫撃砲
	対戦車火器
	対戦車地雷
	対人火器
	敵側火器（日本および韓国の火器を含む）
	装甲車と砲兵火器の識別
体育訓練	勇気と自信を強化する訓練
	あらゆる種類の地形条件に応ずる長距離行軍
	水泳、漕舟
	ロッククライミング
	車両操縦
	空挺、空中機動訓練
	上陸訓練
	ＮＢＣ訓練
	韓国の方言と風習
諸規定	作成規定
	警衛規則
	規律関係規定

戦闘教練	敬礼と軍隊儀礼
	徒手格闘（ナイフの使用を含む）
	ボクシングと武術
	急進、匍匐
	戦闘隊形
工兵作業	爆破
	地雷の種類と能力
	地雷の敷設、除去（設置、信管の装着および除去）
	障害通過（蛇腹鉄条網、フェンスなど）
	実爆
情報	偵察
	情報収集活動（信号情報を含む）
	暗号技術
	写真技術
	高度な通信器材の操作
戦闘戦技	各種兵器の特色、運用、分解結合
	浸透、脱出
	離脱、避難
	敵軍の編成装備、教義、戦術
	射撃
	宿営
	秘匿移動
	伏撃、奇襲攻撃
その他	祭日を除く毎日3時間の徒手格闘
	短剣を距離8mから投げて目標に90%的中
	25kgの装備を背負い夜間40km、昼間120kmの連続強行軍
	高度400mから落下傘降下後に射撃を行ない距離200mの地上目標に命中
	鎌、斧、スコップ、工具などを武器にして7mないし20mの距離から投げて目標を直撃
	幅400mの大司江を30分で泳いで横断
	冬季に45分ないし50分の水泳を含む耐寒訓練
	スキューバダイビングおよび飛び込みの訓練

（出所）ジョゼフ・バーミューデッツ「北朝鮮特殊部隊」206～208ページから作成

鉄条網突破、地雷除去、爆破

偵察兵の「工兵訓練」で最初に行なわれるのは鉄条網の切断である。この訓練では、季節によって異なる鉄条網の強度や配線方法を知ることにより、音を立てずに切断できるようにする。これにより、強固な鉄条網を敵に気づかれないように切断し、秘密ルートの開拓を可能にする。また帰還する時のために周辺の地形と切断場所を記憶する。

人民武力省第５７７軍部隊（工兵局）で考案された切断器材は、太さ一〇ミリ以上の鋼線を簡単に切断することができる。また、特殊な粘着テープを使用し、切断した箇所を完全に結ぶことができる。

また、対戦車地雷と対人用地雷の埋設と除去、乗用車、バス、列車、航空機などの爆破、ダムや貯水池の最も脆弱な部分の選定とその破壊法など、韓国でテロを起こすために必要なすべての事項について、実戦的な訓練を受ける。

軍用飛行場を攻撃する場合、最も重要な目標は滑走路である。戦車の場合はキャタピラ、対空砲は砲身、艦艇はスクリュー、ミサイルは操作盤等である。このような目標物の弱点を利用した爆薬の設置法は、すべて実際の戦闘で得られた手法を理論化させたものである。

あらゆる状況を想定した訓練を実施することにより、偵察兵は専門の工兵よりも優れた技術を身につけることになる。このような技術は、実際に多くの韓国人をはじめとする外国人の生命を奪うことに用いられてきた。

様々な職業の技術の習得

敵地における工作（敵地工作）で安全な拠点を確保することは、任務の成否を左右する鍵である。

一九七〇年代から一九八〇年代にかけては、炭鉱、漁村、建設現場のような身分が不明確でも簡単に就職でき、いつ姿を消しても疑われない職種を選択した。しかし、一九九〇年代に入ってからは、東南アジアや中東諸国からの労働者の列に紛れて入国する方法を取っている。

電気、機械、運転、土木、農業、畜産業、水産業など多種多様な業種の専門技術を習得することは、韓国侵入後に安定した環境の中での任務遂行を容易にした。

女性を工作員として送り込む場合は、主要都市のレストランやカラオケ店などの飲食店を中心に偽装就職させる。彼女たちは日本、韓国、欧米などの政府関係者、企業関係者からの情報収集を主な任務としている。特殊任務に就いている非公然の工作員を含めると、その総数は八〇〇人に達しているとみられる。任務を統括しているのは朝鮮労働党作戦部（現・偵察総局）といわれている。なお、工作員には有名大学出身の女性を厳選して登用している。

韓国で大学教授となった工作員

東南アジアなどの第三国に滞在して語学を修得しながら、その国の国籍を得ることは、それほど困難なことではない。例えば、一九九六年に逮捕された「ムハマド・カンス」こと鄭守一《チョンスイル》（朝鮮労働党対外情報調査部所属、逮捕当時六一歳）は、フィリピン国籍を持ったアラブ系フィリピン人として韓国国内で一二年間にわたり情報収集活動を行なっていた。

鄭守一は中国の吉林省で生まれ、北京大学アラビア語科を卒業。エジプトのカイロ大学に留学した後、一九五八年に中国外務省に入り駐モロッコ大使館勤務などを経験。その後、一九六三年に中国籍を放棄して北朝鮮籍となり、平壌外国語大学のアラビア語教授を歴任した後、七四年に労働党の工作員として選抜された。

約五年間にわたり工作員としての教育を受け、七九年からレバノン、チュニジア、マレーシア、フィリピンなどを渡り歩き、まずレバノンで「レバノン・朝鮮親善協会」の協力により「ムハマド・カンス」名義でレバノン国籍を取得。さらに八二年、マレーシアのマラヤ大学で講師。「フィリピン・イスラム宣教会」を通じて八四年にフィリピン国籍を取得した後、フィリピン経由で最終目標の韓国入国に成功した。留学生を装って延世大学韓国語学堂に入学した後、ソウルの檀国大学で助教授として教鞭をとりながら情報活動を行なっていた。

鄭守一の正体が一二年間も見破られなかったのは、身長一七五センチ、体重八二キロで端正な顔立ちに口ヒゲをたくわえた容貌、アラビア語のほか中国語、英語、日本語が堪能で、韓国語をわざと外国人風にしゃべるなど、それらしい雰囲気がまったくなかったためといわれている。

韓国企業に採用される工作員

彼らは全世界に展開している韓国企業が現地人を雇用する際に優秀な人材として認められ、韓国の本社や工場に採用されることもある。このようなルートが敵地工作を一層容易にさせている。

韓国に入国して最初に抱き込む相手は、親北朝鮮的な傾向の大学生や労働者、平和と進歩を標榜する宗教団体などの各種社会団体である。

万一の場合に備え、いつでも身を隠せるようルートを確保するとともに、銃器、爆発物、毒物、劇薬などは分散して隠匿しておく。隠匿するために地面に埋めることもある。また、指紋などの捜査対象となるような痕跡は残さない。

日本語教育

偵察総局では外国語の教育も行なっている。これは、偵察局員が海外へ派遣されるためである。主要な言語は英語と日本語となっている。

外国語教育は一九七〇年代初頭から活発になった。その目的は、朝鮮半島で戦争が勃発した場合に、在韓米軍とともに日本の自衛隊が作戦に投入されると考えられていたためである。

教育用の教材は、偵察総局と作戦局の依頼を受けて人民武力省教育局が作成する。だが、教材には外国語教育の基本である文法、発音、翻訳、会話が含まれていない。偵察総局の教育は、語学のプロを養成するのではなく「今日学び明日すぐ使える」ことを重視しているからだ。

英語と日本語の教育は、朝鮮語で発音を修得するなど、朝鮮語で英語と日本語を修得する。内容は挨拶や日常会話ではなく、軍事的な内容である。

このような教育システムになっているため、彼らの英語や日本語の発音は、米国人や日本人にも聞き取れないのが現実である。

訓練で行なわれる日本語教育は、例えば、「手を上げろ」「動けば撃つ」「銃を捨てろ」「後ろに下がれ」「お前の所属は?」「私は朝鮮人民軍である」「武器を捨てれば撃たない」「お前の部隊の位置は?」「飛行場の位置は?」「艦船の番号は?」「今夜の合言葉は?」「師団長の名前は?」「お前は、いつ日本に来たのか?」などである。

粗雑な教育しか受けていないため、相手が返答しても、それを理解することができない。このような問題を解決する方法を古参兵に質問すると、「そのときは、これで話せばよい」といいながら拳銃の鞘をたたく。

しかし、特殊部隊指揮官の養成機関である崔賢《チエヒョン》総合軍官学校と、作戦組が訓練で受ける外国語教育はレベルが高いため、実際の場面で活用できる水準にある。

殺人テコンドー

殺人術を教育するのは、第15号研究所である。平壌市寺洞区域の美林飛行場の南西に所在す

北朝鮮軍特殊部隊による韓国大統領官邸(青瓦台)襲撃訓練。官邸を模した建物を
攻撃している。上空のヘリは1980年代に入手したといわれる米国製のMD500

韓国大統領官邸襲撃訓練で輸送ヘリMi８に乗り込む特殊部隊の隊員。この訓
練では、目標の至近にロープによるリペリング降下を実施し、攻撃を行なった

パラグライダーで遠距離からの隠密降下を行ない、目標の模擬青瓦台前に舞い降りる北朝鮮特殊部隊

模擬青瓦台への奇襲を成功させ撤収に移る攻撃隊員。走っている2人は何者かを拉致して来たようだ

青瓦台攻撃演習の指導を行なう金正恩。結果に満足したのか笑みがこぼれている〔p.90-91の写真は、2016年12月11日付、労働新聞〕

る。第15号研究所は高さ五メートルほどのコンクリートの壁で囲まれているだけでなく、入口に到達するには「4・25国防体育団」を必ず通り抜けなければならないなど、極めて厳重な警備体制が敷かれている。

このように第15号研究所の存在と教育内容が徹底的に秘匿されている理由は、特殊な殺人教育を行なっているためでもある。

第15号研究所の目的は、殺人法を習得した初級指揮官を養成し、特殊部隊へ輩出することである。訓練はテコンドーを応用した「殺人テコンドー」が基本となっている。入所者は一八歳から二二歳までの優れた体力を持つ軍人の中から選抜される。

殺人訓練の内容は大きく三つに分類できる。

①政治思想などの精神面を鍛える訓練

②肉体的鍛錬（超人的な体力が要求される）

③特殊な武器や身近な道具を使用した殺人術

殺人術では、素手で喉を突いて窒息死させる方法、急所を強打して殺害する方法、特殊武器や日常生活で使用する身近な道具で殺害する方法などが教育される。

第15号研究所出身者は一九七〇年代末から海外に派遣されている。なお、一九七六年の板門店「ポプラ事件」で米兵を斧で殺害したのは、第15号研究所出身者であった。

革命的同志愛

どこの国の軍隊でも特殊部隊の訓練は厳しい。しかし、毎日三〇〇〇回殴打するといった異常ともいえる訓練は、北朝鮮軍特殊部隊の性格を象徴している。また、安全性を無視し、死亡者が続出するような訓練を続けているのも、他国の特殊部隊にはない特徴といえよう。

訓練は実戦的である。平時であっても実際に韓国へ侵入し、偵察活動をはじめとする様々な工作活動を行なうことを前提にしているからだ。

北朝鮮軍は韓国への「侵入」を「浸透」と表現しているが、北朝鮮軍の侵入を阻止するために厳重に警備されている地域や施設への侵入手法は、まさに「浸透」である。

訓練では極限状態にまで追い込まれることが多々あり、最終的には殺人マシーンのようになる。しかし、訓練中に先輩が後輩に気を配るなど人間的な温かみもある。「革命的同志愛」と表現しているが、そのような友情が士気を高め、信頼関係を生むのであろう。これは洗脳ともいえる思想教育では補えない部分である。北朝鮮の特殊部隊員も血の通った人間なのである。

捕虜になることを避けるために部下を殺害し、自分も自殺するという冷酷な行動をとる事もある。このような行動を取ることができるのは、国家と最高指導者への忠誠心もあるだろうが、上官や同僚との強い信頼関係が存在していることも無視できないだろう。

なお、この証言の内容は新しいものではないため、現在では行なわれていない内容も含まれている。例えば、韓国へ侵入しての偵察活動は減少を続け、現在はどの程度行なわれているのか不明である。しかし、非武装地帯内での活動は継続されているようである。

〈コラム〉北朝鮮では実行できない「斬首作戦」

北朝鮮が核実験や弾道ミサイル発射実験を行なうたびに、米国による北朝鮮への武力行使の可能性が取り沙汰される。最近では、精密爆撃や特殊部隊の急襲などにより金正恩を殺害するという「斬首作戦」が頻繁にメディアに登場するようになった。

韓国国防省は二〇一七年一月、有事において北朝鮮の戦争指導部を除去する作戦を遂行する「特殊任務旅団」を二〇一七年中に創設すると、黄教安大統領権限代行（首相）に提出した二〇一七年度業務計画の中で明らかにしている。おそらく、これが「斬首作戦」を遂行する部隊ということになるのだろう。

しかし、注意すべき点は、韓国はあくまでも「有事」における「斬首作戦」の遂行を前提としているということである。つまり米国が考えているような、自国の安全保障上の脅威を取り除くために、平時に金正恩を殺害することを念頭に置いているわけではない。つまり、米韓合同演習で訓練はしていても、米国と韓国とは前提条件が異なっているのだ。

朝鮮戦争休戦後の歴史を振り返ってみると、米国が武力行使を検討したことは何度もあった。しかし米国にできたのは、米韓合同演習の規模の拡大や、空母や戦略爆撃機などを韓国の周辺海域や航空基地へ派遣するといったような「圧力」を加えるということだけだった（近年は「過去最大規模」の米韓合同演習が続いている）。

米国がこれまで武力行使に踏み切ることが出来なかった理由については、一九九四年の「第一次核危機」が参考になる。

一九九四年、米朝は核疑惑問題で一触即発の危機に直面した。危機の引き金は、北朝鮮が国際原子力機関（ＩＡＥＡ）の要請を無視して核開発の作業を強行したためである。

米国政府内では「本格的な核兵器製造能力を備えるのを放置した方が危険」との見方が強まり、五月一八日、ペリー国防長官（当時）とシャリカシュビリ統合参謀本部議長（当時）は、ラック在韓米軍司令官（当時）をはじめ、米軍の現役大将や提督を招集し、朝鮮半島での戦争に備える異例の会議を開いた。

会議では、米軍が一体となり、兵員、物資、兵站面で、どのようにして朝鮮半島における戦闘計画を支援すればよいか討議された。さらに集まった軍首脳陣は、実際に戦闘が始まった場合に備えて、部隊の事前配備や他の司令部からの輸送、空母の配置転換、陸上配備戦闘機の朝鮮半島付近への展開、大増派計画（米軍主力戦闘部隊全体のほぼ半分）についても詳細に検討された。

その翌日、ペリー国防長官、シャリカシュビリ議長、ラック在韓米軍司令官は、クリントン大統領に対して、アジアで発生しつつある紛争の重大性と経過について公式に報告を行なった。検討の結果、朝鮮半島で戦争が勃発した場合、最初の九〇日間で米兵の死傷者が五万二〇〇〇人、韓国兵の死傷者が四九万人に上るうえ、北朝鮮側も市民を含めた大量の死者が出る。そのうえ財政支出（戦費）が六一〇億ドル（二〇一七年現在のレートで約六・八兆円）を超えると試算された。

さらに、朝鮮半島で全面戦争が本格化した場合、死者は一〇〇万人以上に上り、うち米国人も八万から一〇万人が死亡する。また、米国が自己負担する費用は一〇〇〇億ドルを超える。戦争当事国や近隣諸国での財産破壊や経済活動中断による損害は一兆ドル（二〇一七年現在のレートで約一一二兆円）を上回ると試算された。

この危機は結局、金日成と会談したカーター元大統領が「北朝鮮が核凍結に応じた」の第一報をもたらし、危機は土壇場で終息したのだが、どちらにしても途方もない損害をもたらす攻撃計画は実行に移されることはなかったであろう。

「第一次核危機」から二〇年以上が経過し、様々な兵器が進化を遂げている。しかし、いくら高精度な攻撃能力を確保できたからといっても、米軍の先制攻撃に対して北朝鮮軍が反撃しないという確証が得られなければ、先制攻撃に踏み切ることは出来ないだろう。ソウル市民が（場合によっては東京都民が）「人間の盾」とされている現実を考慮すると、米軍に失敗は許されない。

仮に、北朝鮮軍が全く反撃せず、全ての兵士が投降し、武装解除が短期間で完了し、なおかつ迅速に南北統一が実現したとしても、朝鮮半島が政治的にも経済的にも安定するとは考えにくい。特に、経済面で韓国が受ける打撃はあまりにも深刻である。このため、「統一朝鮮」に対して、国連をはじめとする関係国が大規模な経済援助を長期（おそらく数十年以上）にわたり行なうことが必要となるだろう。

したがって、米軍が先制攻撃を実行するにあたっては、少なくとも中国、韓国、日本の合意を取り付ける必要がある。日本の場合は「周辺事態法」が適用される可能性が高いため、国内世論への配慮も必要となる。

このように、米国は大規模な戦闘に発展するような作戦を実行することができなかったわけだが、「斬首作戦」は実行可能なようにみえてしまう。それは、中東での作戦で成功を収めてきたという実績があるからなのだろう。紙幅の関係で詳細は省略するが、例えば、米軍は二〇一一年に国際テロ組織アルカイダの指導者、ウサマ・ビンラディンの殺害に成功したが、その時のノウハウが北朝鮮でそのまま適用できるわけではない。

しかし、パキスタンでのウサマ・ビンラディン殺害作戦に参加した米海軍特殊部隊「DEVGRU」（旧・米海軍特殊部隊チーム6）を、二〇一七年三月の米韓合同演習「フォールイーグル」（韓国での最大規模の軍事演習）に参加させたことは、金正恩へのメッセージにはなったようだ。演習中に発表された、朝鮮人民軍総参謀部報道官の「われわれ式の先制特殊作戦」を実施するとの声明（二〇一七年三月二六日）がそれを裏付けている。

だが、米国の思惑とは裏腹に、そうしたメッセージが金正恩を核開発や弾道ミサイル開発に駆り立てている。このため、核実験や弾道ミサイルの発射実験が終わることはない。

最大の問題は、金正恩はアルカイダやISIL（イスラム国）のようなテロ組織のリーダーではなく、国連にも加盟している国家の最高指導者だということである。米国は「斬首作戦」により金正恩を排除した後の新政権についても考慮する必要がある。新政権樹立の主導権をめぐっては、中国との対立は避けられないだろうから問題は深刻である。

米国の歴代大統領が事実上の先送りを続けてきた北朝鮮をめぐる諸問題を、金正恩を殺害することで全て解決できるとは到底思えない（先送りした結果、核兵器を持たせてしまった）。「斬首作戦の成功」が、朝鮮半島を現在よりも不安定化させる事態だけは避けなければならない。

このような難問について、現在の米国大統領はどのような判断を下すのだろうか。

第3章　偵察総局「サイバー軍」

北朝鮮のサイバー戦

韓国の黄教安《ファンギョアン》大統領権限代行首相（当時）は二〇一六年一二月一三日の閣議で、軍のイントラネットがハッキングされた事件に触れ、「北は虎視眈々とわが政府の主要施設などへのサイバーテロを試みるなど、サイバー戦争はすでに始まった」とし、総合的な対応態勢を強化するよう指示した。

北朝鮮はサイバー戦を遂行するために、国家規模で人材を育成している。サイバー軍は、一九九六年に労働党作戦部所属の専門部隊としてとして設立され、二〇〇九年の組織改編にともない偵察総局傘下に統合された。

二〇〇〇年以降、北朝鮮が米国防総省をはじめとする米軍のインターネットサイトに最も多くアクセスしていることが、米国防総省が米軍のインターネットサイトを照会した国家を逆追跡した結果、判明した。

このような北朝鮮の行動は、有事の際に朝鮮半島に大規模な増援軍を派遣することになる米軍に関する情報だけでなく、「情報戦」の一環として米軍のインターネット及び最先端のC4I（指揮・統制・通信・コンピューター・情報）システムを攪乱するための資料を蓄積することが目的と思われる。

韓国軍の機密管理を担当する機務司令部の宋泳勤《ソンヨンクン》司令官（当時）は二〇〇四年五月、「北朝鮮は金正日総書記の指示でハッカー部隊を運営し、ハッキングによって韓国の政府、研究機関から機密情報を集めている」と述べ、韓国軍幹部として北朝鮮ハッカー部隊の存在を初めて公式に認めた。

韓国国防部（国防省）は二〇一五年に発刊した『国防白書』で、「北朝鮮は現在、サイバー戦争向けの人員として六〇〇〇人を投入し、韓国の軍事作戦や国家インフラを阻害するなど、物理的、および心理的な混乱を引き起こすためのサイバー攻撃を行なっている」としている。

北朝鮮は韓国に対して二〇〇九年七月以降、大規模なサイバー攻撃を仕掛けている。

最近の事例としては、二〇一三年三月、韓国の放送局、金融機関などに対するサイバー攻撃が、また、同年六月から七月にかけて、韓国大統領府、政府機関、放送局、新聞社などに対するサイバー攻撃が発生した。これらの事案について韓国政府は、過去の北朝鮮によるサイバー攻撃の手口と一致したとしている。

さらに、二〇一四年一一月から一二月にかけて、米国の映画会社に対するサイバー攻撃が発生した。米連邦捜査局は同年一二月、このサイバー攻撃は北朝鮮政府に責任があると判断するのに十分な証拠があると発表した。

パソコンに向かう北朝鮮軍兵士。階級章の色などから「サイバー軍」兵士の可能性がある

また、二〇一六年二月には、韓国の大企業や公共機関、官公庁に大規模なサイバー攻撃を仕掛け、軍事情報を含む約四万二〇〇〇余りの文書を不正に抜き取った。攻撃を受けたのは約一六〇ヵ所だった。また、パソコン約一四万台に対してウイルスを植え付けていた。

抜き取られた情報には、F‐15戦闘機の翼の設計図や無人偵察機の部品の写真などが含まれていた。

二〇一六年一二月には、韓国軍のネットワークの一部がサイバー攻撃を受け、軍事機密を含む一部の軍事資料が流出したことが確認された。韓国軍の被害は、軍のインターネットに接続されているパソコン約二五〇〇台、内部ネットワーク用パソコン約七〇〇台の計約三二〇〇台が不正プログラム（ウイルス）に感染し、軍事資料が流出した。攻撃を受けたパソコンには機密も一部保存されていた。感染したパソコンには国防長官のパソコンも含まれていた。

韓国の政府系シンクタンク「統一研究院」の報告書（二〇一七年三月二四日）によると、北朝鮮はサイバー司令部を設置し、軍と朝鮮労働党傘下の七つのハッキング組織に約一七〇〇人の専門要員を配置している。これとは別にハッキング支援組織が一〇以上存在し、約六〇〇〇人が関与しているとされる。北朝鮮のサイバー攻撃に関連した人員は計七七〇〇人に達している。

ハッカー教育機関

北朝鮮はハッカーを毎年約一〇〇〇人ペースで養成しているともいわれている。

金一軍事大学（人民軍指揮自動化大学、美林大学）

金一《キムイル》軍事大学は一九八四年に平壌に設立された。同大学の任務は、電子戦の原理及び実践、軍用コンピューターシステムの構築及び管理並びにコンピューター科学の各分野について教育することであった。

教育は二年間行なわれ、約一〇〇人の学生は、金日成軍事総合大学、金策《キムチェク》技術大学、その他のエリート大学の物理学部、機械学部、数学部に在籍する大学院生、姜健《カンゴン》総合軍官学校、金正淑《キムジョンスク》海軍大学、金策空軍大学出身の最高幹部候補者の中から選抜された。

設立当初の教授陣は、旧ソ連のフルンゼ軍官学校の教官を含む、旧ソ連から招致したSIGINT（信号情報）及びEW（電子戦）の専門家で構成された。教育内容には、ジャミング、レーダー探知、ミサイル管制・誘導、コンピューター、赤外線探知・追尾が含まれていた。

一九八六年に「軍指揮自動化大学」へと名称が変更され、サイバー戦に備え偵察局のハッカー専門要員の養成も行なわれるようになった。「軍指揮自動化大学」は五年制で、年間約一〇〇人のコンピューター専門将校を養成した。

第一期生が卒業した一九九一年以降、一〇〇〇人以上のコンピューター専門の軍人を輩出。人民武力省偵察総局にハッキングの専門家として毎年一〇人以上が配属されている。

米国防総省は二〇〇一年、北朝鮮のハッキング能力が「米中央情報局（CIA）の水準に到達した」と発表している。

韓国軍関係者によると、北朝鮮は五年制の軍事専門大学である金一軍事大学の卒業生から選抜した人材にコンピューターを使った高度な教育を実施した。これら人材を人民武力省偵察総局内に設けたハッカー部隊に配属、韓国の政府機関のサイトに侵入し、機密情報を引き出したりサイトを破壊する活動に従事させていた。

関係者は、「この部隊の技術、能力は極めて高く、ＣＩＡに匹敵する水準」と指摘。韓国軍はハッカー部隊対策として専門部署を新設し、機密情報を扱う部署と連携して情報保護に動き出したと述べている。

防衛省が大規模なサイバー攻撃を受けたという報道はない。二〇一六年に防衛省と自衛隊が共同で利用する通信ネットワーク「防衛情報通信基盤」に接続する防衛大学校と防衛医科大学校のパソコンが不正アクセスの被害に遭ったという報道があるが、詳細は不明である。

防衛省は二〇一四年に「サイバー防衛隊」を編成したわけだが、その真の実力は不明である。米国のサイバー軍との連携を目指しているといわれているが、発足当時の人員が九〇名であるうえ、北朝鮮のような専門の教育機関を持っているわけではないため、心もとない状態にあることは確かだろう。

北朝鮮軍の指揮系統およびサイバー部隊機構図

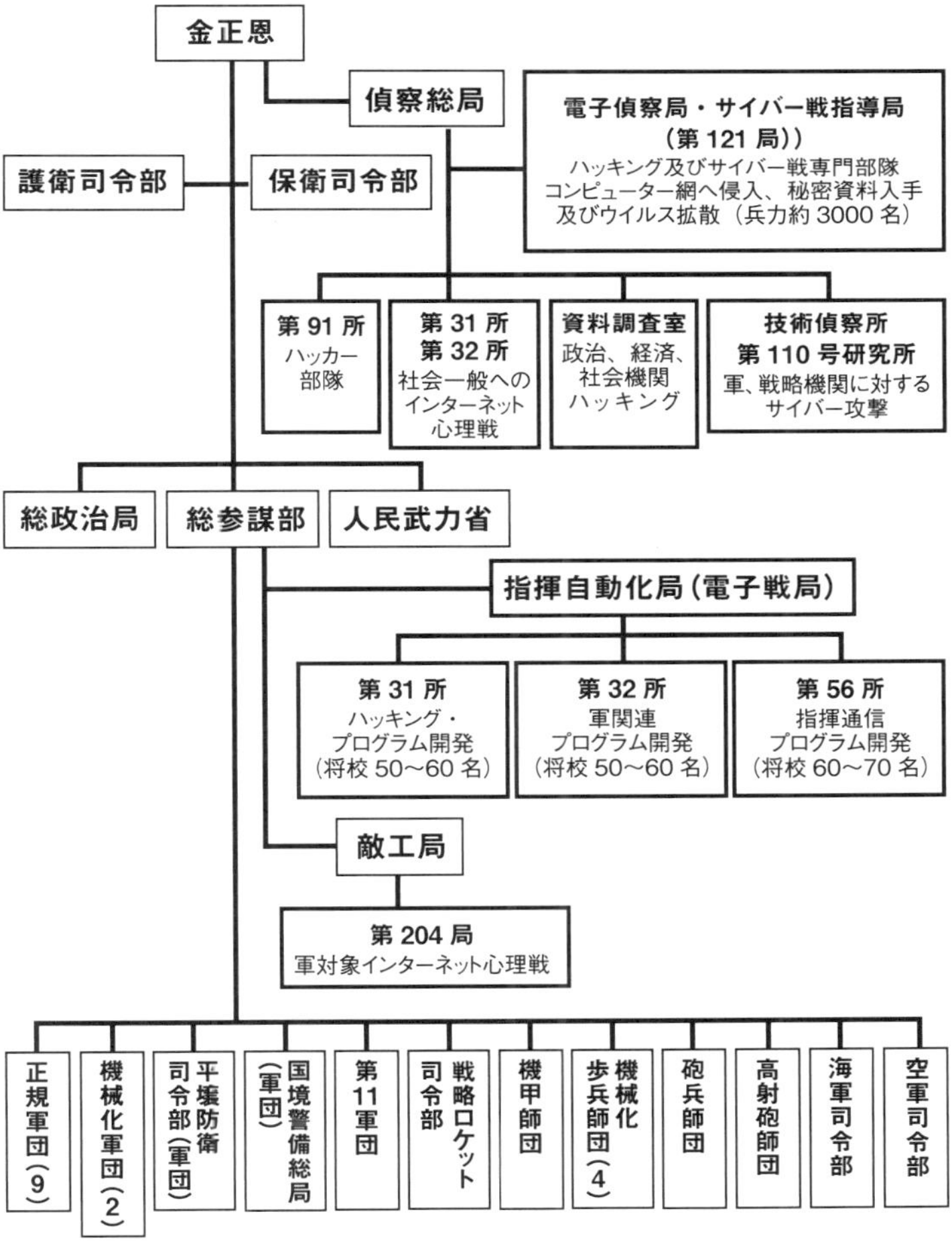

※戦略ロケット司令部は、現在「戦略軍」に改称されている。

――「聯合ニュース」「国防白書」「高麗大学校情報保護大学院」などから筆者作成

第4章　荒廃する国内

本書では、第1章で北朝鮮情報機関の性格を象徴する活動とその組織について、第2章では厳しい訓練を積んでいる特殊部隊について、第3章では急速な発展を遂げている「サイバー軍」について、その実体を概観してきた。

これらの組織の存在が、北朝鮮が世界でも類を見ない独裁政権の三代世襲に成功し、現在も体制を維持できている大きな要素になっているといっても過言ではない。

つまり、国外からの圧力は世界最大規模の特殊部隊と対外工作機関（偵察総局）が、国内からの圧力には国家安全保衛省が対応できていたのである。

しかし、金正恩を取り巻く現実は厳しさを増している。国外からは、経済制裁に加え米国による軍事的圧力。国内では、特殊部隊以外の人民軍の規律の乱れ、国家安全保衛省の監視能力低下による治安の乱れが続いている。とくに人民軍は、特殊部隊と首都防衛を担う準特殊部隊、また弾道ミサイルを保有する「戦略軍」、サイバー戦を遂行する「サイバー軍」しかまともに戦える状態ではなくなってしまった。

そこで、本章では、実際に北朝鮮国内で何が起きているのか、（特殊部隊以外の）人民軍と国家安全保衛省の実情を整理し、金正恩が（能力が低下していても）国家安全保衛省と偵察総局に依存せざるを得ない理由を探っていくことにしたい。

1　北朝鮮軍の実情

戦えない軍隊

北朝鮮では過去に何度も「戦争準備完了宣言」が行なわれている。

金正日は一九九三年四月、米韓合同演習「チームスピリット」（韓国で行なわれていた最大規模の軍事演習）に対抗して「準戦時態勢」を発令した。そして直後の人民軍創建記念行事において「戦争準備」が完了したことを明らかにした。

この後も「準戦時態勢」は何度か発令されている。二〇〇一年九月一一日の米中枢同時テロ事件後、また、核開発問題で米朝間の緊張が高まった二〇〇三年一月四日にも「準戦時態勢」が発令されている。

金正恩は二〇一三年一月二九日午前零時、全軍が非常戒厳状態に入り、前方部隊と平壌、その周辺を防御する部隊に「戦争準備突入」を命令した。

また、二〇一五年には軍部隊を視察した際に、「今年（二〇一五年）一〇月までにすべての戦争の準備を完成せよ」と指示した。この時は、「党創建七〇周年の今年一〇月までに戦争の準備を完成せよ」という金正恩の指示が各軍の指揮官に通達された。兵士に対する具体的な指示内容は明らかになっていないが、部隊単位で一〇月末までの戦争準備計画の暗記を強要していたという。一方、朝鮮人民軍総政治局は各部隊の党組織や青年同盟に、「一〇月までに無条件で戦争の準備を完了する」という内容の「宣誓文」を書かせ「決議文」を採択するように指示している。

この指示に関連して、二〇一五年一〇月一〇日、朝鮮労働党創建七〇周年を祝う軍事パレードで、金正恩は「我が軍は、米国の帝国主義者たちが望むあらゆる戦争に対応する準備ができている」と演説した。

度重なる「戦争準備完了宣言」は、米国への反発の意思表示だけでなく、国内を引き締める目的もあるのだろう。特に軍内部は引き締めなければならない。それは、次のような実情があるためだ。


北朝鮮軍が置かれた状況は悲惨の一言に尽きる。小銃を数発撃っただけで基礎的な軍事訓練も満足に受けることなく建設事業へ投入されている工兵。春と秋になると協同農場での農作業に汗を流す兵士など、「労働者」や「農民」に成り果てている軍人がかなりの割合を占めているのが北朝鮮軍の現実の姿である。さらには除隊して農村へ配置され、「屯田兵」となっている元軍人も多い。

何よりも軍隊として致命的なのは、老朽化により使用できなくなっている兵器が増え続けていることである。このため、北朝鮮軍は持つべき銃もない烏合の衆になりつつある。金正恩が核兵器や弾道ミサイルにこだわる理由にはこうした背景もあろう。

二〇一四年一一月八日付の朝鮮労働党機関紙『労働新聞』によると、平壌で三、四両日に開かれた「朝鮮人民軍第三回大隊長、大隊政治指導員大会」で金正恩は演説を行ない、次のように強調した。

軍部隊が運営する農場を訪れ、現地指導を行なう金正恩〔労働新聞〕

「指揮官たちは、隊員らが十分に食事をとっているか、よく寝ているか、着るものはまともに着ているか、生活はどのようにしているか、ということについて生みの親のように心配して面倒を見なければなりません」

「彼らがもし病にかかった時には、親身になって面倒を見なければなりません。それでこそ隊員らは指揮官を信じ、自分のすべてを頼るようになり、熱意をもって軍務に励むようになります」

要するに、

「兵士は飢え、よく眠ることもできず、軍服もまともに着ていない」

さらには、

「指揮官らは兵士の信頼を得ていない」

ということだ。このように、金正恩は人民軍の悲惨な現実をよく認識している。

内部文書に見る北朝鮮軍の現実

二〇〇〇年代に入ってから、北朝鮮軍内で行なわれている思想教育に用いられる教育用資料や、軍の秘密文書などが中朝国境を経由して流出している。軍の思想教育用資料の大半は人民軍総政治局傘下の朝鮮人民軍出版社が発刊したものである。また、秘密資料は金正日の命令書などである。

こうした文書を読んでいくと、北朝鮮軍の内部に問題が山積していることが分かる。ここではその一部を紹介する。

漏洩を続ける秘密

「軍事秘密を徹底して守ることについて」と題した文書（二〇〇三年発刊「学習提綱6」）では、「軍事秘密は軍隊の生命である」という、いつもの言葉ではじまっている。この文書には「文献の保管、管理を厳格に行なっていないため紛失している」という記述がある。筆者が回収されたはずの文書を手にすることが出来たことで、紛失が現実に起きていることが証明された。

ここでは、秘密漏洩の初歩的な内容が記述されている。二〇〇四年の内部文書の抜粋を紹介する。

◇朝鮮人民軍出版社『講演資料』（二〇〇四年五月）

・自己の周囲に常に敵のスパイが存在し、秘密を調べるために耳をそばだてて回っていることを肝に銘ずること。
・秘密に属する内容を知らせようとしてはならない。
・親しい軍人同士であっても秘密に属することを話してはならない。
・社会の人々と接触する際に彼らの前で秘密を漏洩してはならない。
・軍隊で出された出版物を絶対に外部へ流れないようにしなければならない。

物資の横流し

「被服、調理器具をはじめとする軍需物資を主人らしく愛護管理することについて」と題された文書（二〇〇三年発刊「学習提綱3」）では、「敬愛する最高司令官同志は、人民軍で被服、調理器具をはじめとする軍需物資を大切に扱うよう指摘された」という言葉から始まっているが、なぜ軍需物資を紛失するのかというと、食糧がまともに供給されないために、兵士が物資を市場に流しているからである。

文書の主題は「被服と調理器具」だが、「国が耐えてゆくことが出来なくなり……」など、かなり切迫した言葉が入っている。

この文書では、金正日が口を酸っぱくして、次のように軍人に指示している。

・軍人に対する思想教育を積極的に行ない、彼らが調理器具を貴重な軍隊の財産であると認識し、大切に使うようにしなければならない。

・国家および社会の共同財産をむやみに扱い浪費していると、国が耐えてゆくことが出来なくなり、発展することもできない。

・人民軍隊は全国、全人民が人民軍隊を援護し、誠心誠意支援してくれるよう、全てのものを大切に使い、節約するために積極的に努力しなければならない。

管理されていない武器弾薬

この文書は、二〇〇四年三月一〇日付の『武器、弾薬に対する掌握と統制事業をより改善強化することについて』と題された朝鮮労働党中央軍事委員会命令である。

これまで紹介してきた文書が「隊内に限る」と標記された、いわゆる部外秘であったのに対して、この文書は「命令」であり「絶対秘密」（「極秘」に相当すると思われる）と表紙に標記された秘密文書である。

文書の内容を一言でいえば、軍のみならず治安機関を含む武器を扱う組織で、武器および弾薬の管理が全く行なわれていなかったという驚くべき内容である。さらに驚くべきことは、既に述べた「物資の横流し」のなかには武器や弾薬も含まれていたということである。

この文書の本筋からは少し外れるが、治安機関すなわち国家安全保衛省（秘密警察）と人民保安省（警察）にまで、武器の管理が問題視されていることは特筆すべき事項である。特に国家安全保衛省は軍を含む国内全てを監視することを任務としている。このような組織の規律の弛緩は独裁政権の存亡に直接影響する。

以下は文書の要旨である。

・武器・弾薬に対する登録と掌握統制事業を改善、強化するための組織事業を完璧に準備すること。
・朝鮮人民軍総参謀部兵器局では、国家の全般的な武器・弾薬に対する供給と登録、掌握、統制事業を厳格に進め、武器と銃弾が統制外に流れないようにすること。
・総参謀部軍事鉄道局と鉄道省は、武器・弾薬の輸送のための貨車（他国の貨車も含む）を最優先で確保し、武器・弾薬を積んだ貨車が行事路線（訳注：金正日の列車が走る路線）と区域、重要都市および鉄道駅に停止することがないよう徹底した対策を確立すること。

・全ての部隊で、武器弾薬庫の設備を盗難や火災などの事故が発生しないようにし、現役軍人（人民保安員）または武装人員で警備を行なうこと。

・全ての部隊で、武器・弾薬をはじめとする兵器を輸送する場合、武器弾薬を携帯した現役軍人による護送勤務を行なうこと。

・人民保安省、国家安全保衛部の成員は、任務遂行時以外は武器・弾薬を携行してはならない。また、事務室や家庭で保管してはならない。

この文書は、北朝鮮における武器・弾薬の管理が、いかに乱雑になっているかを如実に物っている。武器や弾薬の数が正確に把握されていないわけだから、治安機関にも気付かれずに反乱などのための武器を密かに集積することも可能な状態にあることを示している。

また、列車に関する記述も興味深い。武器・弾薬を輸送中の列車が途中で停車すると、列車が襲撃され武器を奪取されるためノンストップで目的地まで輸送せよ、ということなのだろうか。また、「他国の貨車も含む」という記述は興味深い。恐らく、中国やロシアから兵器を輸入する場合のことを指しているのだろう。

2　国家安全保衛省の実情

統制から外れる国民

人民軍だけでなく、国家安全保衛省による国民統制にも問題が生じている。

犯罪は社会の実情を反映しているといえる。そこで、現実に生起している様々な犯罪に加えて刑法を分析することにより、北朝鮮でどのような犯罪が発生し、あるいは予見されているのかを知ることができる。これはまた、金正恩がどのような犯罪に危機感を感じているのかを窺い知る手掛かりにもなる。

北朝鮮は一九八〇年代前半まで高度な組織社会を構築して社会統制制度を機能させることにより、国民を厳格に統制し、社会秩序の安定に一定の成功を収めてきた。

社会統制が完全に機能している限り、理論的には犯罪はごく少数に抑えることができるはずなのだが、現実には一九八〇年代中盤から犯罪が徐々に増加を始めた。さらに一九九〇年代には経済危機の深刻化などにより急速に増加をはじめた。一九九〇年代中盤にはこのように犯罪の発生が常態化したため、ある脱北者は、犯罪の増加により夜道を一人で歩けなくなったと証言している。

北朝鮮では近年、犯罪が増加するとともに、従来にはなかった新たな形態の犯罪が出現している。これは、金正恩にとって北朝鮮社会が好ましくない方向に変化していることを示唆している。

社会の問題を反映する刑法

北朝鮮は二〇〇〇年代中盤以降、刑法を一九回にわたり改正し、処罰の対象となる犯罪行為の範囲や刑罰の種類及び軽重の調整を行なっている。これは、社会が急速に変化していることを示唆している。

刑法が頻繁に改正されている背景には犯罪の構造化及び組織化がある。これは、極度に統制された社会体制がはらんでいる問題が深刻化していることを意味する。例えば、北朝鮮の大都市では人民保安省（警察）の取り締まりにもかかわらず、二〇～三〇人で構成される犯罪組織が存在しており、闇市場での生活必需品の密売、恐喝などを行なっている。これは、一九九七年当時は三～四人程度だったのに比べると、大幅に組織化されているといえる。

二〇〇四年の改正刑法では、既存の犯罪の細分化・具体化及び追加が行なわれた。反国家犯罪ではデモや襲撃という用語が使用されていることから、犯罪の凶悪化・組織化を当局が憂慮していることが窺える。また、社会主義文化を侵害する犯罪として、従来一つの条項であった麻薬関連の条項が、不法阿片栽培・麻薬製造罪、不法麻薬使用罪、麻薬密輸・密売罪などの条項に細分化された。

さらに二〇〇五年の改正刑法では、「爆発物不法所持・使用・譲渡罪」、「職権乱用罪」の最高刑が一～二年引き上げられた。また、二〇〇九年の改正刑法では「破壊・暗殺罪」に死刑が追加された。

犯罪組織の存在

最近は青少年で構成された犯罪組織による、強盗、窃盗、強姦などの様々な犯罪が急増している。こうした青少年の犯罪の増加は、統制された社会に対する反感、物質生活の向上に対する欲求の増加などが背景の一つとして挙げられる。

近年は、労働党、政府、人民軍などの国家機関の成員による不正・腐敗が急増している。脱北者の大部分が金正日時代に腐敗が深刻化したと証言している。

特に、収賄行為に代表される不正・腐敗が広範囲に拡散している。例えば軍人の場合、昇任するためには上官への賄賂が当然のように必要になっている。また、出張してきた中央幹部に地方幹部が金品を提供することも常態化している。

賄賂漬けの治安機関員

現時点での犯罪は、質と量において金正恩政権の存続に直接影響を及ぼすほどではない。しかし、不満を持つ人々が組織化された場合、反体制運動に発展する可能性がある。こうした危険があるにもかかわらず、国家安全保衛省や人民保安省の機能が低下しているため、犯罪の減少や予防に効果を発揮していない。しかし、犯罪が増加する背景には、機能の低下以前に、犯罪者から賄賂を受け取るなどの共存関係にあることが一因となっている。

治安の悪化に対応するために、二〇一〇年に「人民内務軍」が創設された。人民内務軍は二〇一〇年初旬に人民保安省が人民保安部に格上げされたと同時期に、人民保安省所属であった人民警備隊と人民保安機関を再編した治安組織で、主に工場や企業の警備、建設現場などに投入されている。工場や企業の警備を任務としているのは、反体制勢力による破壊活動を警戒しているのだろう。

公開処刑の増加

近年は、治安の悪化を処罰の強化で対応している。処罰の強化の代表例として公開処刑の増加が挙げられる。最近は脱北者の大部分が公開処刑を目撃したことがあると証言している。これは犯罪が急増しているため、殺人者、再犯者に対して極刑を科しているためである。

公開処刑は貨幣改革（二〇〇九年末実施）の失敗直後から大幅に増加している。前後の一年間を比較すると三倍強にも達している。この背景には、相次ぐ経済政策の失敗により国民の不満と反発が高まったため、次に述べるように死刑の適用対象を拡大したためであろう。

二〇〇八年三月に刑法の付則を改正し、死刑の対象を従来の五種類（国家転覆罪・祖国反逆罪など）から、一般刑事犯と経済犯を含めた二一種類に拡大した。さらに貨幣改革失敗の直後からは、布告文や指示文を通じて「外貨不法流通時の死刑執行」（二〇〇九年一二月）や「携帯電話を通じた秘密漏洩時の銃殺」（二〇一〇年三月）を発表している。その結果、多種多様な罪状で公開処刑が幅広く実施されるようになった。

金正恩が二〇一二年四月に第一書記に就任して以降、党幹部を中心に一〇〇人以上の幹部が処刑されている。これらの処刑は金正恩による超法規的な指示によるものもあると思われるが、死刑の適用対象の拡大も影響しているであろう。

国境統制の強化

日常生活において政治的不満を共有しないようにするため、祝日に友人らと酒を飲むことすら禁止されている。

また青少年による凶悪犯罪も増加している。二〇一一年には三年間にわたり強盗を繰り返し、七人を殺害した一〇代の男女学生の犯行グループ一五人が検挙されている。

脱北者の急増にともない、中朝国境にある新義州、恵山などの住民に対して、国家安全保衛省が特別に統制を強化している。韓国の『聯合ニュース』は二〇一一年八月一六日、金正日と後継者の金正恩が、住民の脱出（脱北）及び、国外からの資本主義的な思想の流入を防ぐため、中朝国境地帯を中心に住民に対する統制を強化していると報じた。

この統制の強化は、金正日が二〇一一年七月一日～六日に中国との国境都市、新義州を視察した際に、住民の「無秩序ぶり」などを見て当局に点検を指示したためである。これにより、脱北防止のため国境地帯では鉄条網の増強や監視カメラの設置が進められている。

金正恩も二〇一一年二月、「逸脱行為は無条件に処罰せよ」と指示したため、自己の担当区域で大量の脱北者を出した公安当局者が、責任を問われることを恐れて自殺を図る事態も起きている。

自由を謳歌する人々

北朝鮮国民の「社会的逸脱行為」（犯罪）の増加は、経済危機による不満の蓄積に起因していると思われる。計画経済が崩壊した一九九〇年代に入り、拝金主義、利己主義、個人主義が拡大をはじめ、北朝鮮の人々はいまや、金さえあれば何でもできると考えている。

近年、商売で成功した人々で構成される「中産階級」が出現した。彼らは携帯電話を所有し、市場ではなくデパートで食料品、衣類、玩具などを買い求め、食材が豊富な食堂でランチを楽しんでいる。

こうして「自由」が謳歌できるようになったため、特権階層及び中産階級の人々の体制に対する不満は弱まったという見方がある。「過去に比べて国民に対する統制が緩和されたため」というのがその理由である。金正日時代には、絶えず国民に対する検閲を実施して体制の引き締めを図っていたのに対して、金正恩時代になってからは頻繁な検閲が行なわれていないためである。

しかし、国民の多くは金正恩体制への不満を蓄積させているだろう。社会統制が混乱に陥ったため、検閲に代わって「恐怖」による統治が台頭してきたからである。金正恩は遊園地の整備など「人民のための政治」を重視し、民心の掌握に動いているが、その一方で誰もが処刑の対象となるという極端な現象が起きている。

治安機関の機能低下

経済危機や食糧不足の影響は治安機関にも及んでいる。

「何年も前から配給が途絶えている一般住民と我々は違うと思っていた」と、二〇〇三年頃に北朝鮮から中国へ脱出した国家安全保衛省要員が、治安を担当する重要部署の一部にまで食糧配給の停止が及んでいることを明らかにした。このことから、一〇年以上前から国家安全保衛省要員の士気が低下し、住民に対する監視機能が低下していたと考えられる。

別表に示したように、これまでに反体制事件も発生している。ただし、事件は散発的に起きており、横のつながりが一切ないため、大規模な反体制運動にまでは発展していない。

二〇〇三年三月と八月に労働党中央委員会が発刊した思想教育資料『我々の内部に潜入した反党、反革命悪質分子、資本主義の退廃思想を広める反社会主義異色分子の策動を徹底して粉砕しよう！』では、咸鏡南道の蓋馬高原を中心に度々発生している送電線破壊事件を例に挙げ「反共和国策動」を一掃するよう促した。北朝鮮国内で破壊行為が行なわれていることが文書で明らかになったのは、これが初めてである。

実際に二〇〇三年六月に咸鏡南道と両江道の送電線が破壊され、両江道全域で停電が発生している。このため、二〇〇四年に配布された幹部向けの思想教育資料では「実際に送電線が破壊された事件が数例ある」と明らかにしている。

思想教育資料でこのような事件を実例として挙げているのは、事件の頻度と被害が、もはや隠すことが出来ないほど深刻な状態にあることを意味している。

流入が止まらない国外情報

個人崇拝を重視する画一化された価値観に疑問を持つ国民が増加している。

『労働新聞』や思想教育資料は、外国、特に米国の思想及び文化を「帝国主義思想文化」「ブルジョア思想文化」という言葉で表現し、繰り返し外国からの思想・文化の流入に対する警戒を呼びかけている。これは、既に外国文化等の流入が看過できない状態に達していることを示している。

こうした国外情報の流入は個人の価値観を多様化させるだけでなく、反米、反日教育の内容が虚偽であることを国民に知らしめ、思想教育に反発し、米国や日本に親しみを持つ国民を増やすことにつながっている。

二〇〇七年九月五日には国家安全保衛部（現・国家安全保衛省）が記者会見を開き、「小型ラジオ一万一七〇〇台」「異質な電子製品（注：原文のまま）、電子媒体約二六五万点」を押収したと発表した。国家安全保衛部が記者会見を開くのは初めてであり、国外情報の流入に対する危機感を示している。

恐怖政治

一九九四年から二〇〇〇年の間に、金正日の指示により北朝鮮国内の様々な地域で公開処刑が行なわれていた。金正恩も公開処刑を行なってきたが一年間で三倍に増加させただけでなく、見せしめのため処刑の手法が残忍になっている。これは指導者としての経験と力量の不足により忠誠心が低下し社会が混乱したため、恐怖政治を推し進めたためである。

金正恩は金正日が死去して以降、国家安全保衛省や人民保安省などの治安機関を世襲のために利用し、権力基盤を強化するために様々な理由をつけて高級幹部の粛清を本格的に推し進めた。金正恩は現在も恐怖政治により権力基盤の強化を図っている。これはすなわち、緊張の連続性を通じた継続的な忠誠を誘導しているのである。

韓国の国家情報院は、金正恩が最高幹部クラスに対し不信感を募らせており、手順を無視して粛清するなど恐怖政治の度合いが強まっていると説明している。恐怖政治が強まるにつれ、幹部の間では金正恩の指導力に対する懐疑的な見方が広がっているという。このような指導力のなさも犯罪の増加に影響を与えていると思われる。

金正恩の超法規的な行動は、金日成・金正日時代に確立された社会統制制度を無視するものであり、現行の制度が限界に達していることを意味している。

経済危機が引き起こした犯罪の凶悪化

北朝鮮は犯罪を抑止するために、国家安全保衛省、人民保安省などの物理的抑圧機構を機能させてきただけでなく、配給制による物理的統制、思想教育による思想的統制などの統制手段を有機的に機能させてきた。しかし、これは過去の話であり、近年は様々な形態の犯罪が増え

1990年以降に発生した主な反体制事件

年	月 日	事 象
1990	3. −	青年化学工場で暴動（咸興）
1991	7. −	反体制ビラ掲示（咸興）
	−	金父子暗殺未遂（平壌）
1992	2. 8	青年将校クーデター未遂（平壌）
	4.25	フルンゼ事件（平壌）[1]
	5. −	穀物倉庫破壊（雲山）
	8.27	新義州暴動（新義州）
	9.24	反体制ビラ撒き（咸鏡南道）
	10. −	金日成銅像腕切断（新義州）
1993	4.20 〜 25	軍民暴動（新義州）
	9. −	クーデター未遂（平壌）[2]
1994	5. −	反体制ビラ撒き（成川郡、陽徳郡）
1995	7. −	金日成銅像爆破未遂（平壌・万寿台）
	8.19 〜 20	反体制ビラ撒き（平壌）
	12. −	金日成肖像画放火（新義州）
	−	金正日暗殺未遂（江界）[3]
1996	2. −	大学生デモ（清津）
	4. −	第6軍団反乱（清津）
	−	金日成銅像爆破未遂（平壌・万寿台）
1997	8.24	建設部隊による反乱（羅津・先鋒）
	12. −	反体制ビラ撒き（平壌）
	−	黄海製鉄所事件（松林）
1998	3. 5	クーデター未遂（平壌）[4]
	3. −	金日成銅像片足切断（新義州）
	4. −	金父子肖像画紛失（通川）
	4. −	金日成永世塔爆破（元山）
1999	9. −	金日成銅像爆破未遂（清津）
	−	反体制ビラ撒き（咸鏡北道、両江道1帯）
2000 以降	10.11	人民軍食糧暴動（南浦）
	−	※送電線などインフラに対する破壊行為が増加
2001	2.15	金正日暗殺未遂（平壌）[5]

年　月　日		事　象
2003	6. −	爆弾テロ事件（巫山）
	9. 9	反体制ビラ撒き（平壌、清津、穏城）
2004	6. −	全国 50 郡で反体制ビラ撒き
	6 〜 7	全国 200 ヵ所で反体制ビラ撒き
	10. −	全国 50 ヵ所で反体制ビラ撒き
2010	6. −	反体制ビラ撒き（恵山）
2011	2. −	※各地区の人民保安局（警察署）に 100 人規模による「暴動鎮圧の別動隊」を新設。
	2. −	※携帯電話及び政府幹部以外の固定電話回線を遮断。
	2.14	住民がデモ（定州市、龍川郡、宣川郡）
	2.18	住民数百人が参加するデモが発生（新義州） ※韓国政府はこの事件について否定している。
	2.24	エジプトの反政府デモを伝える大量のビラ撒き（恵山）
2011 以降	−	中朝国境に近い北朝鮮領内で当局に対する住民の抗議行動が散発的に発生

（出所）『朝鮮日報』、『中央日報』、『産経新聞』、『デイリー NK』など各種資料から筆者作成。

(1) 軍事パレードの機会をとらえて、朝鮮人民軍副参謀総長であった安鐘鎬らが、首都保衛司令部戦車師団を動員して金日成・正日父子の暗殺とクーデターを計画した。しかし閲兵式の直前、人民武力部戦車教導指導局長の朴基西（金日成の従弟）が、首都保衛司令部戦車師団のパレード参加に異議を唱え、みずからの隷下の戦車師団を出動させるよう主張し、この主張が容れられたため、クーデター計画は未遂に終わった。クーデターに関係した者は、全員がモスクワのフルンゼ総合軍事大学への留学経験のあるエリート将校だった。

(2) 北朝鮮の高官が在北朝鮮ロシア領事館の砲撃を計画、ロシアの軍事介入をもくろんだ。

(3) 江界国防大学では、金正日が権力を世襲した 94 年頃から、金正日に反感を持つ学生ら 200 人が秘密組織を結成。95 年に金正日列席の武術演技の舞台で小道具の斧を投げての暗殺を計画したが、事前に発覚した。

(4) 北朝鮮東北部の部隊による平壌の主要施設へのミサイル攻撃計画。

(5) 金正日には２度の暗殺未遂事件がある。１度目はライフル銃を持った男が金正日を射殺しようとしたが、引き金を引く前に取り押さえられた。２度目は金正日の移動する車列に 20t トラックが突っ込んだ。大破した車には金正日は乗っておらず、事なきを得たという。金正日が長距離の移動に列車を利用するようになったのは、２度目の暗殺未遂の影響といわれている。

続けている。これは刑法が改正されるたびに、犯罪規定数が大幅に増加していることが証明している。

このような犯罪増加の背景には、深刻な食糧不足、経済危機による配給制度の崩壊などがある。このような異常な状態は深刻化を続けており改善の兆しはない。

犯罪の増加そのものが金正恩体制の崩壊に直結しないとしても、原因が経済危機や食糧不足という構造的な問題にある限り犯罪が減少することはないだろう。そして、新たに出現する犯罪の形態によっては、体制の脅威となる可能性も排除できない。

「破壊・暗殺罪」の厳罰化

金正恩は幹部の忠誠心と民心の掌握に躍起になっているが、根本的な統治手法の改革を行なわない限り、現実に生起していることに適切に対応することは困難だろう。

しかし、それが実行に移せないために恐怖政治により表面的な忠誠を誘導することで政権を維持させている。恐怖政治は政策としては末期的であり、それへの依存は非常に危険であるといえる。恐怖政治の長期化により一般国民だけでなく側近も金正恩から離れていくだろう。

こうした金正恩の政策は、体制を揺るがすような新たな犯罪、金正恩が自身の生命の危険を感じるような犯罪が発生するまで変わることはないだろう。

では、それは具体的にどのような犯罪か?

筆者は二〇〇九年の刑法改正で、最高刑が「無期労働教化刑」から「死刑」に厳罰化された「破壊・暗殺罪」(第六四条)に注目している。

以前から、①国家転覆陰謀罪、②テロ罪、③祖国反逆罪、④民族反逆罪、⑤故意的重殺人罪は、「死刑対象犯」となっていた。

しかし、「破壊・暗殺罪」については二〇〇九年になって「死刑対象犯」に追加されたという経緯がある。これは、これまでに生起していないような、破壊活動や要人暗殺事件の発生が現実味を帯びてきたことを、少なくとも二〇〇九年の段階で金正恩をはじめとする指導層が認識していたことを示唆している。

危機感を募らせる金正恩

二〇一二年一一月、金正恩が全国の分駐所(派出所)所長会議出席者と人民保安省全体に送った訓示で、「革命の首脳部を狙う敵の卑劣な策動が心配される情勢の要求に合わせ、すべての人民保安事業を革命の首脳部死守戦に向かわせるべきだ」「動乱を起こそうと悪らつに策動する不純敵対分子、内に刀を隠して時を待つ者などを徹底して探し出し、容赦なく踏みつぶしてしまわなければならない」と発言したことは注目に値する。これは事実上、金正恩が反体制勢力の存在を認めたことを意味する。

最近の北朝鮮における犯罪形態の変容、具体的には治安機関の監視の目をかいくぐって進んでいる凶悪化と組織化が、金正恩に危機感を与えていることは確かであろう。

第5章　日本は安全か？

自衛隊が対峙することになるのは堕落した北朝鮮兵ではなく、考え得るあらゆる訓練に耐え抜き、高度な戦闘能力を身に着けた集団である。偽装漁船で少数の特殊部隊員が上陸しただけでも、日本は無傷ではいられないだろう。

特殊部隊員以外の工作員の活動は現在進行形で続いている。

二〇一三年、日本国籍を取得した工作員が日本の外務省（在ソウル日本大使館の専門調査員）と公安調査庁の職員採用に応募して、侵入を図っている（いずれも書類選考で不合格となり、就職には至らなかった）。

また、警察庁は現在もホームページにて日本人拉致の実行犯など一一名を国際手配被疑者として一覧表記している。

日本侵入の目的

金正恩に対する米韓による『斬首作戦』が現実的な問題となったとき、日本がテロの対象となる可能性はゼロではないだろう。また、自国が武力攻撃されるとき、日本が米軍の重要拠点となるという認識を持っている。

日本の沿岸警備は手薄であるため、有事においても平時と同様に特殊部隊員が日本に侵入するのは簡単だと元工作員は証言している。このため二〇〇〇年以前は、弾道ミサイルの精度が低かったこともあり、ミサイル攻撃と並行して特殊部隊員を何人か日本へ侵入させて破壊工作を行なうというシナリオがあった。

また、当時の偵察局では、外国から輸入した船、廃棄寸前の古いタンカー、貨物船を改造して使用しようとしていた。船倉内部を取り除き、ミサイル発射台を取り付けてミサイルを何発か積み、有事の際には日本沿岸の公海から目標を攻撃するというものである。

一九九九年三月に発生した北朝鮮の工作船による「能登半島沖不審船事件」を教訓に、二〇〇一年三月、海上自衛隊に「特別警備隊」が編成された。この部隊の任務は、海上警備行動が

「能登半島沖不審船事件」で日本の領海を侵犯した北朝鮮工作船「第二大和丸」。海保と海自の追跡を35ノットの高速で振り切って逃走した〔防衛省〕

発令された際に、不審船を武装解除し無力化することにある。さらに、各護衛艦には「護衛艦付き立入検査隊」が編成されており、必要に応じて一般船舶に対する臨検を行なうことが可能になっている。このため、タンカーを改造して使用するといったような粗雑な作戦を実行することは困難になっている。

弾道ミサイルの最も重要な目標は在日米軍基地および自衛隊基地である。一方、特殊部隊の目標は、軍事施設の破壊だけでなく、世論を「戦争反対」の方向へと誘導するために、空港、新幹線などの主要交通機関、大都市の駅、発電所などでテロを行なうことである。

偵察総局は、自衛隊や警察の警備要領や交代時期等の詳細な資料を持っており、これをもとに訓練を重ねている。

偵察活動

二〇〇〇年以前は、偵察局員が香港や東南アジアの偽造パスポートを使用して入国し、在日米軍基地、日本の戦略的主要産業施設などを写真撮影するなど、現地での攻撃目標に関する情報収集を定期的に行なっていた。

例えば、中国やシンガポールを経由して北海道、鹿児島、秋田から入国し、日本人の案内人の案内により、大規模なガスタンクや石油備蓄基地、港湾施設、米軍基地の写真撮影などを行なうのである。

外国へ侵入して作戦を行なう場合、一ヵ月前から集中的な訓練と教育を平壌近郊の「美林招待所」で受ける。招待所では、遠距離撮影法、入国方法、ホテルの宿泊方法、尾行識別方法及び日本語の教育を受ける。

元偵察局員の証言によると、実際に偵察局員は年に二回、日本へ侵入して偵察活動を行なっており、米朝及び南北関係の緊張や大規模な米韓合同演習の際に「準戦時状態」が発令されると、偵察局作戦組と偵察旅団がチームを作り、事前に対象地へと向かう。このため、日本近海で待機する場合もあれば一部は日本本土に秘密裏に上陸することもあった。

　過去に準戦時体制は何度か発令されている。核開発問題で米朝間の緊張が高まった二〇〇三年一月四日、二〇〇一年九月一一日の米中枢同時テロ後にも準戦時体制が発令された。このため、二〇〇一年一二月に東シナ海で沈没した北朝鮮工作船（九州南西海域工作船事件）は、覚醒剤取引などの可能性が指摘されているが、準戦時体制下であったことを考慮すると、東シナ海を経由した九州地方の偵察だった可能性は捨てきれない。

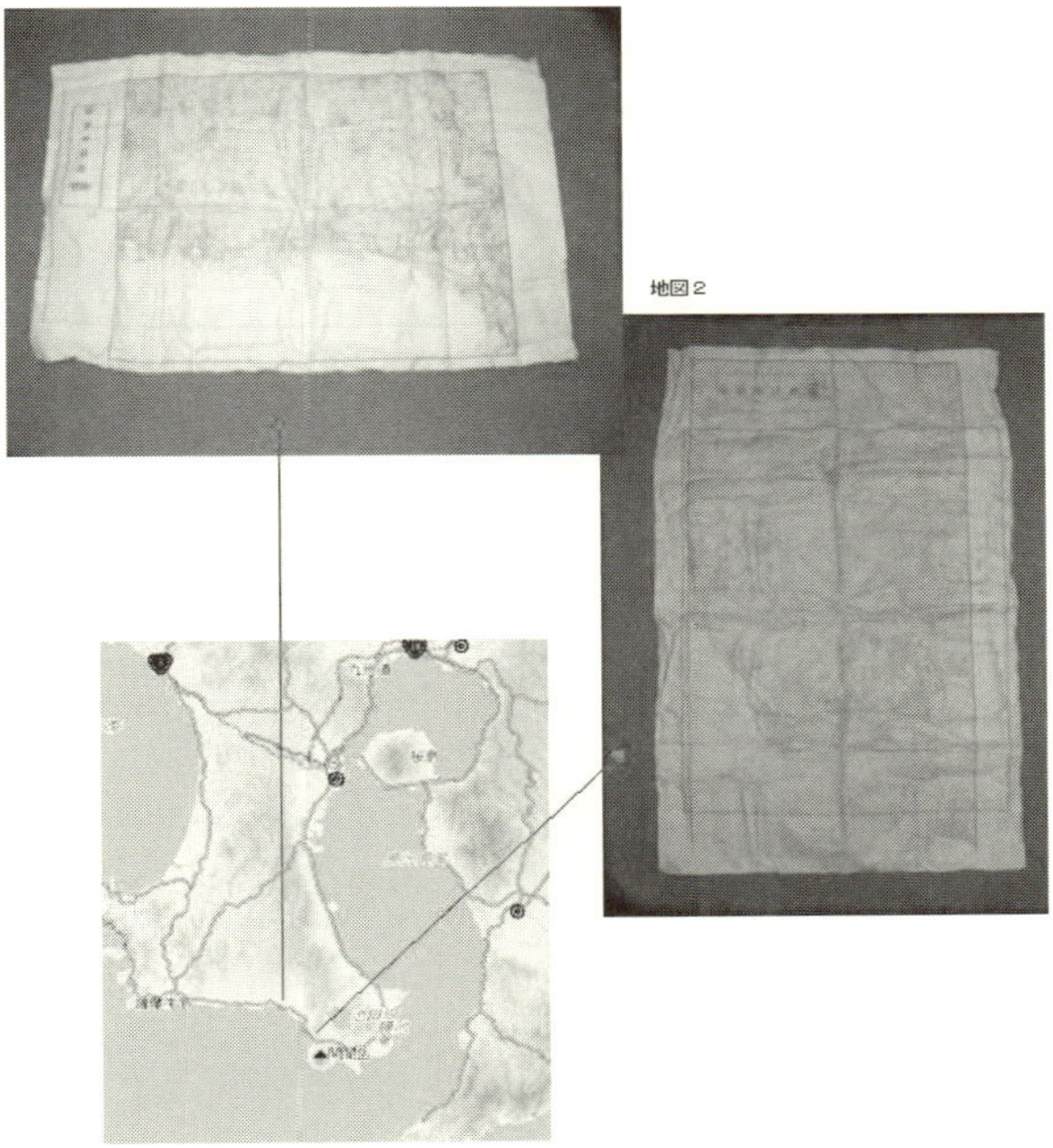
地図２

2001年12月に東シナ海で沈没した北朝鮮工作船から発見された地図。鹿児島・開聞岳付近の上陸地点の偵察を目的としていた可能性が高いと考えられている〔海上保安庁〕

　この工作船は朝鮮労働党の周波数を使って朝鮮人民軍と直接交信していたことが防衛庁（当時）の通信傍受で明ら

空挺作戦にも使われる北朝鮮のIl-76輸送機。これまで国営高麗航空の塗装が施された機体が主だったが、これは珍しい迷彩塗装。特殊部隊強化の一環かもしれない

かになっている。

労働党の周波数を使用したのは、労働党の外貨獲得機関である「39号室」が関与していたためと思われる。

日本侵入のための訓練

有事の際に日本へ侵入する特殊部隊員は、平素から拉致した日本人から日本語、習慣及び文化を学び、侵入目的地の模型や地図を使用して具体的に研究・実習している。

特殊部隊員が日本へ侵入するのは簡単である。国土全体が海で囲まれている日本は、侵入する側にとっては最高の条件が整っている。

また、北朝鮮はオウム真理教による地下鉄サリン事件を参考に討論も行なっている。化学兵器使用そのものの効果よりも、社会的混乱と国民の精神的ショックが大きかったということが討論の中心となった。

自衛隊の各種装備品についても教育している。たとえば、陸上自衛隊の90式戦車や自走砲などについては、詳細な教育が行なわれている。

精神教育においては、外国の特殊部隊の実例と経験を記録した映画、日本映画、米国映画なども見せている。また、日本、米国、韓国の政治、経済、文化及び社会問題の解説にも力を入れている。

参考資料として、旧日本軍の「陸軍中野学校」に関する書籍や資料を隊員に配り、感想を聞くなどの教育も行なっている。

おわりに

北朝鮮国内の秩序を守ることは、国家安全保衛省の仕事である。金正恩の指示により側近を次々と逮捕、処刑しているため、一見すると国家安全保衛省は、正常に機能しているように見える。

しかし実際には、脱北者の増加、治安の乱れにみられるように、監視能力は低下を続けている。

その一方で、米国からの軍事的圧力が強まっている。このため、北朝鮮は核兵器と弾道ミサイルの開発を続け、核実験や弾道ミサイルの発射実験を行なうことで、日本、米国、韓国に対する恫喝を続けている。

同志チャウセスクの処刑

チャウセスク大統領による独裁政権下のルーマニアにも秘密警察である国家保安局（セクリターテア）が存在していた。チャウセスクと金日成の関係は密接であった。チャウセスクは一九七一年の北朝鮮訪問で金日成の「主体思想（チュチェ思想）」の影響を受け、北朝鮮の政治体制の模倣をはじめた。

セクリターテアも国家安全保衛部と同様に国民を徹底して監視・弾圧していたのだが、一九八九年一二月二一日、ルーマニアの首都ブカレストで暴動が起こり、チャウセスクは失脚した。四日後、独裁者と妻は拙速な「裁判」の末に銃殺され、その模様は国営テレビで放映された。自らの統治手法を模倣した政権の崩壊は、金日成に大きな衝撃を与えたはずだ。金正日が受けた衝撃もさぞかし大きかったただろう。金正日は側近にこの映像を見せて、恐怖を植え付けていたという証言もある。金正日がそうであったように、金正恩の脳裏にも無残な最期を遂げたチャウセスクの姿が焼き付いていることだろう。

チャウセスクは、多くの独裁者がそうであったように猜疑心の塊であった。前立腺の病気にかかっていたが、手術を嫌がった。視力が衰えているのに眼鏡をかけようとしなかった。そのため、文字の大きいタイプライターを西ヨーロッパから輸入したという。

独裁者にとっての理想的な死

平壌の錦繡山太陽宮殿(元金日成主席官邸)に永久保存されている金正日総書記の遺体

金日成は、一九九四年七月八日、平安北道にある香山官邸で最高指導者のまま死去した。北朝鮮政府は翌日、死因について「執務中の過労による心筋梗塞」と発表した。金日成は心臓病を抱えており、八二歳という高齢であったこともあり病死なのは確かであろう。

金正日も、二〇一一年一二月一七日、地方視察へ向かう専用列車のなかで心筋梗塞により最高指導者のまま死去し、死後、朝鮮民主主義人民共和国大元帥の称号が追贈された。

二人の遺体は平壌の錦繡山太陽宮殿で永久保存されている。二人の最期は、独裁者としては「理想的」ともいえるものだったといえよう。

おそらく金正恩も祖父や父のような最期を望んでいるだろう。そのためには、どのようにすべきか。独裁は一人でできるわけではない。政権を支える集団が必要である。独裁者はこのような集団に対して、忠誠心の高さに見合うだけの見返りを与え続ける必要がある。

しかし、いまの北朝鮮には、父・金正日のようにベンツやロレックスを側近に大盤振る舞いするような余裕はない。その代わりに金正恩は死の恐怖を側近に与え続けている。しかし、側近までをも恐怖で支配する手法が、果たして金正恩が「安楽死」するまで通用するのだろうか?

絶対的な忠誠心を求める金正恩

金正恩は、絶対的な忠誠心を示してくれる側近を求め続けていくうちに、恐怖政治へと走ることになった。金正恩の脅威になるほどの影響力があるとは思えない金正男を暗殺したことは、些細な心配事も全て取り除かなければ安心できない金正恩の心理の現れといえるかもしれない。

金正恩の猜疑心の現れのひとつとして、身辺警護の変化があげられる。金正日存命時は、警護を専門とする「護衛司令部」が身辺警護に当たっており、金正日が視察を行なう際には軍服を着用した将校が拳銃を携行して行動を共にしていた。金正日のすぐ斜め後方で警護しているため、『労働新聞』に掲載される写真でも警護の様子を確認することができた。軍部隊の視察で軍人に囲まれていても、警護要員はひときわ体格が良いことと、周囲を警戒しているためほかの軍人とは目線が異なっているため、すぐにわかる。しかし、金正恩に警護要員が随行している様子はない。単に写真に写っていないだけなのかもしれないが、至近距離に拳銃を携行した軍人がいないのは確かなようである。

金正恩は暗殺を恐れて警護要員すら遠ざけているのかもしれない。護衛司令部に所属する軍人は完璧な血筋と経歴を持っており、忠誠心に疑う余地はないはずなのだが、それすら信頼できなくなったのだろうか。

金正日が視察に出かける際は、視察先の近隣にある軍部隊の大砲は全て逆方向に向けられて針金で固定し、小銃などの小火器は撃針を外すなどして発射できないように処置を施すほどの念の入れようであった。金正日の時代に軍に関する心配事は全て解消されたはずなのだが、独裁者の猜疑心には終わりというものがないのであろう。

巧妙だった金日成

北朝鮮には米国との外交交渉で常に「勝利」してきたという輝かしい歴史がある。

金日成は、朝鮮戦争休戦後の「平時」であるにもかかわらず、多くの米国軍人を殺害している。

一九六九年の米海軍ＥＣ－１２１偵察機撃墜事件（乗員三一名死亡）にはじまり、米海軍情報収集艦プエブロ号拿捕事件、板門店ポプラ事件など、米国軍人が死亡する事件を立て続けに起こしてきた。ＥＣ－１２１撃墜された四月一五日は金日成の誕生日である。ＥＣ－１２１撃墜は北朝鮮空軍の金日成に対する忠誠の証だったのだろう。

米国もただ黙っていたわけではなく、空母を朝鮮半島周辺に展開させるなどして軍事的な圧力を加えたが、北朝鮮を屈服させることはできなかった。プエブロ号拿捕事件では、米国は乗員を返還させるために、北朝鮮側が作成した嘘で固められた文書にサインしている。ベトナム戦争が泥沼化していた時期だったとはいえ、金日成はそのような米国の弱点を巧妙に利用していたのだろう。

板門店ポプラ事件

しかし、ベトナム戦争終戦後に発生した「板門店ポプラ事件」（一九七六年八月一八日）では、米国は強硬な行動に出た。「板門店ポプラ事件」とは、南北軍事境界線の板門店で警備の妨げになるポプラ並木のうち一本を剪定（せんてい）しようとしたところ、米軍将校二名が北朝鮮兵に斧で殺害されたという事件である。

事件発生三日後、米韓軍はポプラ伐採を強行する。伐採作業は「ポール・バニアン作戦」と命名された。斧を持った米陸軍工兵隊一六名に、武装した護衛小隊三〇名、韓国軍特殊部隊六四名が随伴した。上空にはＡＨ‐１対戦車ヘリコプターを含むヘリコプター二七機、さらにその上空には米空軍Ｆ‐４戦闘機と韓国空軍Ｆ‐５戦闘機に護衛されたＢ‐52戦略爆撃機三機が飛行した。ソウル南方の烏山空軍基地では核兵器を搭載可能なＦ‐１１１戦闘爆撃機二〇機が、非武装地帯の外側では多くの韓国陸軍および米陸軍歩兵、砲兵、装甲車両が待機し、不測の事態に備えた。洋上では空母「ミッドウェイ」を中心とした機動部隊が展開した。

伐採作業に入る前に、米軍は最高レベルの戦闘準備態勢を意味する「ＤＥＦＣＯＮ‐２」(Defense Readiness Condition）を発令した。一方、北朝鮮は「北風1号」（準戦時態勢）を発令し、人民軍だけでなく、準軍隊である「労働赤衛隊」と「赤い青年近衛隊」も戦闘態勢に入った。

このような緊迫した状態のなかで伐採作業は開始された。

北朝鮮軍は自動小銃を装備した一五〇名の兵士を共同警備区域内に派遣したが、彼らはポプラが切り倒されるまでの四二分間を静かに見守り、「作戦」は終了した。

ポプラの木を一本伐採するためだけに、第二次朝鮮戦争にもつながりかねない一触即発の状態になってしまうのが、朝鮮半島が置かれた現実である。つまり、ポプラの木を伐採するためであっても、これぐらいの圧力を加えないと北朝鮮軍を抑え込むことは出来ないということなのである。

金正日の「瀬戸際政策」

一方、金正日は、第二次朝鮮戦争開戦前夜のような緊張状態を演出することにより、米国の譲歩を引き出すといった「瀬戸際政策」を貫き、多くの経済援助を引き出すことに成功していた。

北朝鮮の核開発により引き起こされた一九九四年の「第一次核危機」では、クリントン政権は寧辺の核関連施設を爆撃することを具体的に検討し、米海軍艦艇三三隻、空母二隻を展開した。しかし、限定的な爆撃であっても大規模な地上戦に発展する危険があり、その場合の損害が米兵の死傷者が五万二〇〇〇人、韓国兵の死傷者が四九万人、このほか民間の犠牲者が一〇〇万人以上にのぼることが明らかになり、実行に移されなかった。実行されなかった理由の一つに、韓国の金泳三大統領（当時）が強く反対したことがある。

核実験やミサイル発射、大規模な軍事演習、戦闘機や爆撃機の前方展開などにより、戦争勃発が現実のものになるという危機感を煽ることで、日本、米国、韓国を恫喝し、食糧やエネルギー支援を得るという短絡的な手法は過去には通用した。しかし、今ではこうした手法は通用しなくなった。

簡単には使用できない弾道ミサイル

金正恩の演説、軍の内部文書、脱北軍人の証言で明らかになっているように、北朝鮮軍は経済危機に起因する、士気の低下、規律の乱れ、栄養失調、兵器の老朽化など、あらゆる「戦えない条件」が揃ってしまったために、多くの部隊が戦える状態にはなくなってしまった。

金正日は一九九四年四月三〇日、人民武力部（現・人民武力省）の作戦担当者に「わが人民が眠っている間に攻撃を開始し、瞬時に南朝鮮（韓国）を占領し、朝、目覚めた人民が『南朝鮮占領』を確認できるようにせよ」と、奇襲攻撃と電撃的な進撃を指示している。当時、釜山まで七日間で占領するという構想である「速戦速決戦略」という言葉が頻繁に登場していたが、いまでは完全に消えてしまった。

現在、人民軍のなかで正常な状態にあるのは、最優先で予算が投入されている戦略軍（弾道ミサイル部隊）と偵察総局に所属する特殊部隊、サイバー軍、平壌周辺に所在する準特殊部隊だけといっても過言ではないだろう。

「戦略軍」は、日本、米国、韓国に対する恫喝の手段として、そして金正恩を安心させるために発展を続けるだろう。弾道ミサイルの発射に成功した時の金正恩の満面の笑みが、それを物語っている。

しかし、近い将来、ＩＣＢＭ（大陸間弾道弾）が完成し、ワシントンを攻撃することが可能になったとしても、その後の米国からの反撃を考慮すると、弾道ミサイルを使用することはできない。北朝鮮に限らず、もともと核弾頭を搭載した弾道ミサイルは、極めて政治色の濃い性格の兵器である。このため、実戦での使用に踏み切るのには大きなハードルが存在する。

弾道ミサイルより「確実」な破壊工作

二〇一七年三月一〇日、朝鮮人民軍戦略軍報道官が同月六日の弾道ミサイルの四基同時発射について、米韓合同演習に対抗した訓練だったとしたうえで、「有事に在日米軍基地を攻撃目標にして行なったことを隠さない」と明言しているが、やはり現実に「使える兵器」は特殊部隊であろう。

例えば、在日米軍基地の地下にある指揮所の機能を停止させるためだけなら、屋外に設置してある空調機の冷却塔、あるいは冷却塔の換気口を破壊すればよい。指揮所には電子機器が大量にあるために、ひとたび冷却塔が破壊さたら、換気ができない指揮所内の室温は短時間で四〇度以上に上昇する。室温が四〇度以上ということは、電子機器の内部はさらに高温になっているため電源を切らざるを得なくなる。空調が復旧するまでという一時的な効果しかないが、弾道ミサイルを使用した場合のリスクを考えると、この方が現実的である。

破壊工作の実行は、特殊部隊員が直接行なうことも考えられるが、北朝鮮の情報機関が得意とする協力者獲得工作が在日米軍関係者に対して行なわれ、獲得した人物によって実行されることも考えられる。

これは一例に過ぎないわけだが、このように偵察総局の能力は実戦で使用できるという意味においては「戦略軍」より上であり、使いようによっては弾道ミサイルより効率的なのである。これに「サイバー軍」を加えれば、さらに大きな打撃を与えることが可能になるだろう。

展望

北朝鮮の最高指導者は建国以来、情報機関の力を借りながら、無理に無理を重ねて体制を維持してきた。金日成、金正日が打ち出した多くの政策が失敗しているからだ。計画経済はとうの昔に崩壊し、配給制度も事実上消滅した。金正恩はこうした祖父と父の失政、それによって生まれた様々な矛盾の帳尻合わせの責任を負わされているのだ。

このようなプレッシャーの中で良識的な人間でいつづける事は、金正恩でなくても無理なのかもしれない。二〇代でいきなり社員二五〇〇万人の赤字企業のトップに就任したようなものと考えれば、金正恩の気持ちも理解できなくもない。

しかし最悪なのは、いざ崩壊（破産）したときに破産管財人が誰（どの国）になるのかという問題である。

金正恩が「良心の呵責に苛まれて」国民のために民主化に踏み切ろうとしても、既得権益を手放したくない特権階層に抵抗されてしまうだろう。特に国民を抑圧する側の人々（国家安全保衛省などの治安機関要員など）は、民主化されたら良くて刑務所行き、最悪の場合は人民裁判で死刑判決を受けることになる。そうでなくとも、過去に地方にある国家安全保衛部の庁舎前に保衛部要員の首が置かれるという事件が発生している。体制側の人々にとっては独裁政権の崩壊は悪夢なのだ。

どのような手を打っても国内は荒れ続け、国際社会では孤立を深めるばかりである。それに加えて米国の軍事的圧力は強まる一方だ。米国が軍事的圧力を加えてくることは過去に何度もあったが、北朝鮮はそれを跳ねのけてきた。

とはいえ、金正恩を取り巻く状況は悪化を続けており、明るい展望はまったくない。何もかも信じられなくなった金正恩は「目に見える力」に頼るしかなくなったのだが、弾道ミサイルを米国に撃ち込むわけにはいかない。

そこで金正恩が選択したのが、手っ取り早く効果が見えるテロ、今回の場合は暗殺だったのであろう。どうにもならなくなった現状を打開するためには、祖父や父の時代のように情報機関による工作活動を再開させるしかなくなったのだ。

金正男暗殺には、金正恩が抱える大きな苦悩が背景にあったのだろう。

二〇一七年三月二七日

宮田敦司

【資料】北朝鮮の化学兵器・生物兵器

偵察総局は、爆発物を用いた破壊活動だけでなく、金正男暗殺にみられるように化学兵器や生物兵器を用いたテロを起こすことも考えられる。

北朝鮮は、「生物兵器禁止条約」には署名しているが、「化学兵器禁止条約」には署名していない。韓国の『国防白書』などによると、二〇一四年までに北朝鮮の化学兵器の保有量は米ロに次ぐ世界第三位となったと見られている。保有量はＶＸガスやサリンを含む二五種類の神経ガスなど二五〇〇トンから五〇〇〇トンと推定されている。

1　化学兵器

北朝鮮は、一九六〇年代初めから化学戦の重要性を認識した金日成の「化学化宣言」にもとづき、研究および生産施設を建設し、化学兵器の開発を本格化させた。その後、一九八〇年代から「毒ガスと細菌兵器を生産して戦闘に使用するのが効果的である」という金日成の教示により、生物兵器の生産にも力を注ぐこととなった。

北朝鮮は現在、各地にある化学工場でサリン、ソマン等、約二〇種類の化学剤を製造している。八ヵ所の化学工場で製造される神経剤、びらん剤、血液剤、嘔吐剤および催涙剤などの有毒化学剤を六ヵ所の施設に分散して貯蔵している。一九九九年版の韓国『国防白書』は「八〇年代までに生物兵器の生体実験が完了した」と指摘している。

韓国国防部は、北朝鮮との全面戦争になった場合、北朝鮮は開戦後三日間で前方地域に七四〇トンの化学兵器を使用、その場合一ヵ月間で軍人二九万人と民間人一九〇万人など、計二一九万人の死傷者が発生すると予想している。また、首都圏には七〇トンの化学兵器が散布され、民間人死傷者が一二〇万人に達すると見ている。

2　生物兵器

北朝鮮は「生物兵器禁止条約」に署名しているにもかかわらず、大量の生物兵器を保有している。

微生物研究所等に炭素菌、ペストおよびコレラ菌など約一〇種類の菌と細菌培養施設を保有しており、有事にはこれを培養して細菌兵器として使用する計画であることが確認されている。

北朝鮮の生物・化学兵器が脅威とされているのは、弾道ミサイルや多連装ロケットなどの多様な運搬手段を保有しているからである。この弾道ミサイルには、日本を標的としている「ノドン」も含まれる。

※政治犯収容所で生物・化学兵器の人体実験

北朝鮮の政治犯収容所から脱出し、韓国などに亡命した四人の脱北者が二〇〇四年二月二八日、米下院外交委員会の公聴会で「朝鮮人民軍には生物・化学兵器を開発する秘密師団があり、政治犯収容所で人体実験を行なっている」などと証言した。

金日成総合大学の教員だった朴ソンハク氏は「(北朝鮮の)両江道に軍の秘密師団があり、生物・化学兵器の開発や演習を行なっているのを見たことがある。韓国へ亡命後、韓国政府にこのことを話したが既に知っていた」と述べた。

金テジュン氏は、別の政治犯から聞いた話として「平安南道の収容所では、ハンマーで殴って瀕死になった政治犯を病院に運び、生物兵器の人体実験をしていた」と語った。

政治犯を対象にした人体実験について、英BBC放送が二〇〇四年二月、政治犯収容所元幹部の証言などに基づき、北朝鮮が毒ガス実験をしていたとするドキュメンタリー番組を放映した。これに対して北朝鮮外務省は「謀略宣伝」などと否定している。

また、二〇〇一年に第三国経由で韓国へ亡命した鄭大成氏（54・当時）の証言によると、鄭氏は生体実験に一九七九年初夏に参加し、化学研究所の責任者だった当時、実験に使われた毒物製造に鄭氏自身も関与したことから立ち会うことになったという。

実験は収容所の建物のなかにある縦二メートル、横三メートルの正面がガラス張りの密閉された二つの実験室で行なわれた。男性収容者がそれぞれ部屋に入れられ、青酸ガスとオルト・ニトロクロロベンゼンの化学剤二種類が使われた。

鄭氏は毒物生産に協力したが、その工場は北朝鮮北部の慈江道江界の山中のトンネル内にあり、当時はサリン、ソマン、タブン、青酸、イペリットなどが生産されていたという。

※化学兵器の特徴

化学兵器は次のような特徴から「貧者の核兵器」とも呼ばれる。

①製造が容易

農薬製造などを行なう化学工場の転用や、汎用性が高く入手が容易な化学物質の使用により、容易かつ大量に生産が可能である。

②大量殺戮が可能

二〇メガトンの水爆で直接被害を受ける面積と五トンのサリンによる被害面積は同等であり、

核兵器の一〇〇分の一程度の費用で同等の効果の兵器製造が可能である。

※生物兵器の特徴

生物兵器の特徴は次のとおりである。戦術兵器としてはほとんど意味を持たないため、一種の戦略兵器として考えるのが妥当である。

①製造が容易

核兵器や化学兵器よりさらに安価に製造でき、致死性も高い。ボツリヌス毒素の毒性はVXガスの一〇〇〇倍～一万倍といわれる。

②効果が特定しにくい

天候、地形、相手の防護能力などにより効果が大きく左右される。また、効果が現われるまでに時間がかかる。

③制御が困難

効果が持続的かつ急速に広範囲に広がるため、適当なワクチン等を準備していないと自軍にまで被害を受ける可能性がある。

資料１：化学兵器について

化学兵器とは、化学物質の有する毒性や刺激性などを利用してヒト、動物、植物に害を与える兵器を言う。

1　神経剤

G剤 (サリン、ソマン、タブンなど。常温で液体だが揮発性高く、ガスとして吸入しても作用)	無色・無臭。神経剤の蒸気は空気よりも高密度であるため、下を這うようにして広がる。 神経剤はすべて脂肪親和性および親水性で、衣類、皮膚および粘膜に急速に浸透するため、曝露により死に至る場合がある。 気化した神経剤を大量に吸入すると、数秒から数分以内に劇症の呼吸不全に陥る。少量の気体を吸入した場合の作用は、一般に眼（縮瞳、眼痛）および気道（分泌過多、気管支痙攣）に、より限定される。 ＶＸは吸収すると神経の働きが阻害され呼吸困難を起こす。サリンも同じ神経ガスの一種だが、毒性、野外での持続性はＶＸの方が強い。
V剤 (ＶＸ：揮発性が低く、液体のまま用いられる)	

2　びらん剤

皮膚、目、呼吸器に作用し接触面をびらん（やけど）させる。常温で液体。 液体、蒸気で作用。主なものは、マスタード類とルイサイトなど。	
マスタード類 (別名イペリット)	身体では湿った部位に強力に作用。曝露後数時間で障害出現。曝露時に痛まないことから、曝露時に気づかないこともある。曝露により死に至る場合がある。 肺水腫、気道粘膜の壊死→二次性細菌性肺炎→死。マスタード類は骨髄幹細胞の障害を起こす。
ルイサイト	曝露後ただちに目および皮膚の痛み。目については、1分以内に大量の水で洗い流さなければ失明の可能性あり。 皮膚に0.5ml付着でショック様。2ml付着で致死率高い。 ＢＡＬが拮抗薬。

3　窒息剤

吸入により肺水腫を起こし死に至る可能性あり。ホスゲン、塩素など。	
ホスゲン	常温で気体。肺胞で水と反応して塩酸を生成し肺水腫を起こす可能性あり。空気より重く、下を這うようにして広がる。 症状が出るまで24時間以上の潜伏期あることあり。干草のにおい、あるいは青いトウモロコシのにおいで無色。
塩　　素	常温で気体。粘膜で水と反応して塩酸を生成。粘膜・皮膚を強く刺激。40-60ppmで肺水腫。430ppm30分で死亡。1000ppm数分で死亡。

4　シアン化物

血液によって細胞まで運ばれてから反応が起こるので血液剤とも言われる。細胞中でチトクロームオキシダーゼと結合し酸素利用を阻害する。 ガスとして吸入されて作用し、液体は皮膚からも吸収されて作用する。主なものにはシアン化水素（青酸）と塩化シアンとがある。	
シアン化水素（青酸）	致死量吸入で15分以内に死亡。沸点26度。空気よりやや軽い。苦いアーモンドの匂いで無色。
塩化シアン	体内でシアン化水素に変化。呼吸器の粘膜を刺激する作用もある。沸点12.8度。

資料2：生物兵器について

生物兵器とは、病原微生物による病原性を利用してヒト、動物、植物に害を与える兵器である。利用される病原微生物あるいはその毒素を生物剤という。生物剤によって起こる病気には主に、下の表に示すようなものがある。生物剤は細菌、リケッチャ、ウイルス、毒素と多様である。テロリストがこのような細菌、リケッチャ、ウイルス、毒素を噴霧等することにより、吸いこんだり飲み込んだりしたヒトに被害を与えることができる。

生物兵器には使用をためらわせる点がいくつかある。①使用者も感染する危険がある、②気温や日照など環境の影響で微生物が死に、不発化することがある、③使用後、環境によっては勝手に増殖してコントロールが難しくなる、などである。

病名あるいは毒素名	ヒトからヒトへの感染	吸気中にどのくらい菌があれば感染・発病するか	潜伏期（感染から発病までの期間）	発病した場合の致死率
炭疽菌注(1)	なし	8,000 〜 50,000 個の芽胞	1 〜 60 日	吸入した場合 90 〜 100%
天然痘注(2)	高率にある	10 〜 100 個のウイルス	7 〜 17 日（平均 12 日）	20 〜 50%
リシン注(3)	なし	0.2mg	18 〜 24 時間	高率
ボツリヌス菌毒素注(4)	なし	0.1mg	1 〜 5 日	致死率 20%。呼吸補助があれば 5 %以下。
肺ペスト	高率にある	100 〜 500 個の菌	1 〜 6 日	12 〜 24 時間以内に治療しなければ高率。
ブルセラ症	なし	10 〜 100 個の菌	5 〜 60 日（通常 1 〜 2 ヵ月）	治療しなかった場合で 5 %未満
鼻　疽	率は低い	少ない量と思われる	吸入した場合 10 〜 14 日	50%以上
コレラ	少ない	1 億〜 100 億個の菌	4 時間〜 5 日（通常 2 〜 3 日）	治療した場合で低いが、治療しなかった場合では高い
野兎病	なし	10 〜 50 個の菌	1 〜 14 日（平均 3 〜 5 日）	治療しなければ中程度
ウイルス性出血熱（エボラ出血熱等）	中程度	1 〜 10 個のウイルス	4 〜 21 日	ザイール株では高く、スーダン株は中程度
T-2マイコトキシン（毒素）	なし	中程度	2 〜 4 時間	中程度

（出所）「横浜市衛生研究所」（http://www.eiken.city.yokohama.jp/infection_inf/bcw1.htm）などから作成

注——資料２：生物兵器について

(1) 炭疽菌は土壌中に存在。牛などの草食動物が感染しやすく、家畜伝染病に指定されている。皮膚への付着や吸入でヒトにも感染する。感染経路が呼吸器からの場合（吸入炭疽あるいは肺炭疽）、最初の症状はカゼと似ているが、数日後、呼吸困難や敗血症を引き起こす。吸入炭疽が発病した場合の死亡率は90～100%。

炭疽には通常は、ペニシリンなどの抗生物質が有効である。ただし、抗生物質はできるだけ早期に投与する必要がある。投与開始が遅れれば遅れるほど抗生物質の効果は期待できなくなり致死率が高くなる。抗生物質の投与開始が遅れると、抗生物質が炭疽菌を殺しきる前に、炭疽菌が致死量以上の毒素を体内で産生してしまう可能性がある。

炭疽菌によってテロを行なう場合、天候と風の状態によっては、テロリストが飛行機を使って２km にわたって50kg の炭疽菌をまくことで、風下20km にわたって炭疽菌が広がる可能性がある。炭疽菌が広がった中にいても、炭疽菌そのものは全く見えず、においもない。

旧ソビエト連邦では、ロシアのSverdlovsk で1979 年に軍の実験室から炭疽菌が漏れた事故で、79 人が吸入炭疽になり68 人が死亡している。（「横浜市衛生研究所」http://www.eiken.city.yokohama.jp/infection_inf/anthraxl.htm）

(2) 天然痘ウイルスは人から人へ飛沫感染（空気感染）するため、大量に散布する必要がなく、１人に感染させればよい。発症から２～３日で40 度以上の高熱に見舞われ、全身に発疹（ほっしん）、水疱（すいほう）、膿疱（のうほう）が現われる。潜伏期間は９～15 日間。致死率は20～50%だが、感染後４日以内にワクチンを投与すれば、発症防止や症状軽減に格段の効果がある。1979 年にソマリアで確認された患者が最後で、世界保健機関は1980 年に根絶を宣言した。感染症法は天然痘を最も危険な感染症である１類に指定している。

ウイルスさえ手に入れば、天然痘の兵器化は難しいことではない。凍結乾燥させれば半永久的に安定しており、持ち運びも容易である。

(3) リシンはひまし油の原料トウゴマの種子に含まれる猛毒物質で、致死量は約0.3mg。体内に入ると、肝臓などが壊死する。毒性は青酸の6000 倍と言われる。トウゴマは世界中に広く植生し、抽出も容易。生物兵器として噴霧された場合、発熱、せきなどを起こし、呼吸困難などで死亡する。ワクチンは開発されていない。

1978 年に英国で、傘の先に込めて亡命ブルガリア人反体制作家暗殺に使われた。米国では90 年代に右翼過激派による所持が相次いで発覚した。

(4) ボツリヌス菌毒素はボツリヌス菌が作り出す毒素で、筋肉のまひや呼吸困難を引き起こす。毒性の強いものは青酸ガスの30 万倍の毒性があるとされる。

北朝鮮 恐るべき特殊機関
金正恩が最も信頼するテロ組織
2017年5月3日　印刷
2017年5月9日　発行

著　者　宮田敦司

発行者　高城直一

発行所　株式会社　潮書房光人社
〒102-0073
東京都千代田区九段北1-9-11
振替番号／00170-6-54693
電話番号／03(3265)1864（代）
http://www.kojinsha.co.jp

装　幀　渡部和夫（Watanabe Office）
印刷所　モリモト印刷株式会社
製本所　東京美術紙工

定価はカバーに表示してあります。
乱丁、落丁のものはお取り替え致します。本文は中性紙を使用

ISBN978-4-7698-1644-7 C0095